탱커 기초교육

윤귀호 · 배병덕
김종성 · 이형기 공저

도서출판 상학당

머리말

세계화 시대와 더불어 각국 보유자원의 불균형으로 인한 물자이송의 필요성 대두로 인한 국제무역이 갈수록 증가하고 있는 추세다. 바다는 해상수송으로서 이러한 물자이송의 주요 통로 역할을 담당하고 있을 뿐만 아니라, 인류의 마지막 남은 자원의 보고이며, 깨끗한 공기와 쾌적한 자연을 제공하고, 해양공원과 수상레저 등 인간의 생활을 더욱 윤택하게 해주는 삶의 터전으로써 그 존재의미가 더욱 커가고 있다.

바다의 적절한 활용과 관리는 지구촌 인류의 번영과 지속적인 삶의 영위에 필수적인 과제가 되고 있으며, 21세기는 해양의 시대로서 해운력이 곧 국력이자 국가발전의 원동력이라는 사실을 그 누구도 부인할 수 없는 현실이다.

이러한 바다의 중요한 역할을 감안할 때 바다의 적극적인 보존활동이 뒤따라야 함은 당연한 일이라 할 수 있을 것이다. 해양환경을 파괴하고 오염시키는 요인은 여러 가지가 있겠지만, 그 중 유류화물을 운송하는 선박들로 기인한 해양환경 오염도 큰 요인들 중 한가지로 간주되고 있다. 이러한 상황에서 선원의 훈련, 자격증명 및 당직근무의 기준에 관한 국제협약(STCW 협약) 및 국제안전관리코드(ISM Code) 등을 채택함으로써 그 동안 선박의 구조적인 측면의 안전확보에서 이를 운용하는 운용자의 자질 및 자격기준 강화로 그 보존활동범위가 확대되어 가고 있다.

이 교재는 개정 STCW 협약기준을 바탕으로 기름운반선과 같은 유류화물선에 승선하고자 하는 승무원이 받아야 하는 탱커 기초교육 과정의 기본 교재로 사용하고자 집필하였고, 더불어 유류화물선과 관련된 유관기관 및 기업체에서 활동하고 있는 사람들에게 유류화물선의 기본적인 지식을 제공할 수 있을 것으로 사료된다.

이 교재의 미흡한 부분은 앞으로도 지속적인 보완·개정작업을 약속드리며, 유류화물선에 승선을 고려하거나 탱커 기초교육 이수를 준비하고 있는 이들을 위해 조그마한 보탬이 되었으면 하는 바람이다. 끝으로 이 교재가 나오기까지 많은 지원을 해주시고, 바쁘신 와중에도 편집과 출판을 해주신 도서출판 상학당의 남승우 사장님, 송일복 전무님 및 직원 여러분들께 진심으로 감사의 마음을 전하는 바이다.

저자 일동

차 례

〈표 차례〉

〈그림 차례〉

I 탱커선의 이해

01 탱커의 종류

1. 의 미

① 광의 : 액체화물을 벌크(bulk) 상태로 운송하는 선박을 의미한다.

② 협의 : 석유, 석유정제품을 운송하는 Oil Tanker를 의미한다.

Tankers generally known as crude oil tankers are ships of varying sizes designed for the bulk carriage of petroleum, natural gas and various refined spirits

2. 탱커의 종류

〈표 1-1〉 탱커의 종류

Tanker	Oil Tanker	Crude Oil Tanker
		Product Tanker(Carrier)
	Chemical Tanker	General Chemical Tanker
		Special Chemical Tanker
	Liquefied Gas Tanker(Carrier)	LNG Tanker(Carrier)
		LPG Tanker(Carrier)
	Combined Carrier	Ore/Bulk Tanker(Carrier)
		Oil/Ore/Bulk Tanker(Carrier)

탱커(tanker)는 아니지만 최근 해양플랜트장비라고 일컫는 드릴십(drill ship) 등의 해양시추설비, 원유 및 액화천연가스(LNG)의 저장, 시추, 기화설비를 갖춘 복합 해양플랜설비들이 대량으로 건조/운항중이며, 이들 장비들은 운항부분에서는 선박승무원이 승선근무를 하는 등의 역할이 증대되고 있으며, 이러한 현상은 액체화물 운반선시장에서도 해기사의 비중을 확대해 나가고 있는 긍정적인 요인으로 이들도 광의의 의미로는 탱커로 간주된다. 이러한 장비들의 종류를 간단히 열거하면 다음과 같다.

① LNG-Regasification Vessel

② Floating Production & Storage Offshore : Oil & Gas

③ Floating Storage Regasification Unit : Oil & Gas

〈그림 1-1〉 VLCC Tanker "ATLANTIC LIVERTY"

〈그림 1-2〉 ULCC Tanker "BELLAMYA"

- LOA : 414m, Beam : 63m, Draft : 28.5m
- DWT : 553,662M/T, G/T : 274,268M/T

〈그림 1-3〉 Product Tanker(Carrier)

- LOA : 182.86m, Beam : 32.26m, Draft : 12.35m
- DWT : 47,347M/T, G/T : 29,965M/T

〈그림 1-4〉 Chemical Tanker

〈그림 1-5〉 LNG Tanker(MOSS Type)

〈그림 1-6〉 LNG Tanker(Membrane Type)

〈그림 1-7〉 LPG Tanker(Carrier)

〈그림 1-8〉 Combination Carrier(OBO Carrier) 1

〈그림 1-9〉 Combination Carrier(OBO Carrier) 2

〈그림 1-10〉 LNG-RV(Regasification Vessel) 1

〈그림 1-11〉 FPSO(Floating Production & Storage Off Shore) 2

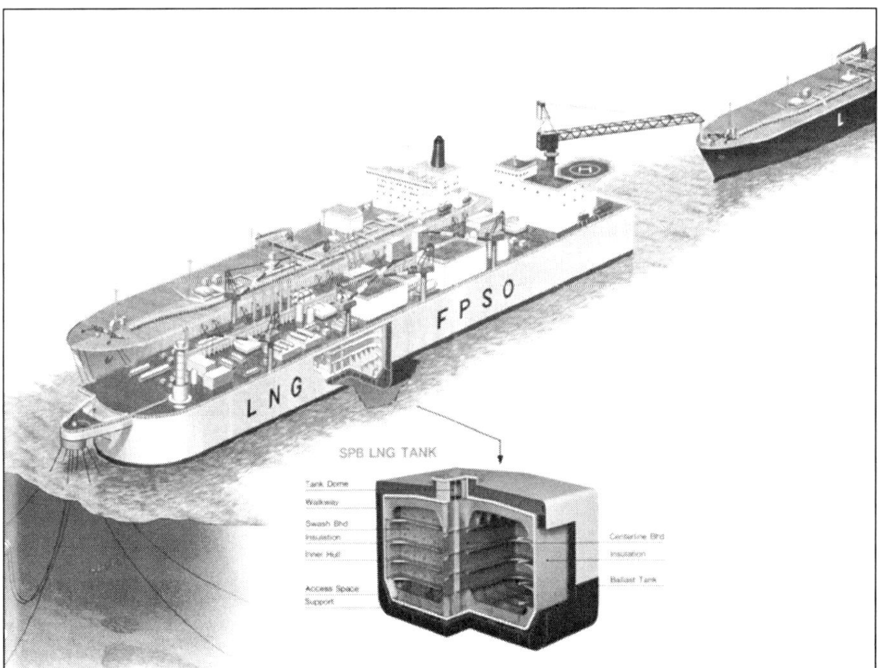

〈그림 1-12〉 LNG-FPSO

〈그림 1-13〉 LNG-FSRU(Floating Storage Regasification Unit)

〈그림 1-14〉 Drill Ship

〈그림 1-15〉 Oil RIG 1

〈그림 1-16〉 Oil RIG 2

3. 탱커의 분류

선박의 크기에 의한 분류, 특히 탱커의 경우에는 전통적으로 영국과 미국을 중심으로 하는 영업 및 운항관련자, 용선자 등의 실무자들의 필요성에 의해 분류되었다. 다음은 실무적으로 사용빈도가 높은 용어의 약어를 풀이해 놓았다.

① PANAMAX : Panama Canal Transit Maximum Size Vessel

② AFRAMAX : Average Freight Rate Association at the max. of DWT

③ Suezmax : Suez Canal Transit Maximum Size Vessel

(1) Shell Oil사에 의한 분류

Shell Oil사는 1954년 LTBP(London Tanker Brokers' Panel)의 자문을 받아 업계에서는 최초로 AFRA(Average Freight Rate Assessment) 시스템을 도입하여 선박을 다음과 같이 분류하기 시작하였다.

① General Purpose Tanker : 10,000~24,999dwt

② Medium Range Tanker : 25,000~44,999dwt

③ LR1(Large Range 1) : 45,000~79,999dwt

④ LR2(Large Range 2) : 80,000~159,999dwt

⑤ VLCC(Very Large Crude Carrier) : 160,000~319,999dwt

⑥ ULCC(Ultra Large Crude Carrier) : 320,000~549,999dwt

(2) 석유업계에 의한 분류

한편 석유업계의 시장관계들, 특히 용선을 전문으로 하는 브로커(broker)들은 전 세계에서 통용되는 새로운 분류법을 고안하여 실무에 적용하고 있다.

① Product Tanker : 10,000~60,000dwt

② Panamax : 60,000~80,000dwt

③ Aframax : 80,000~100,000dwt

④ Suezmax : 120,000~200,000dwt

⑤ VLCC : 200,000~315,000dwt

⑥ ULCC : 320,000~550,000dwt

4. 용어의 정의

(1) AFRA

1954년 4월부터 런던 탱커위원회가 작성하고 있는 탱커의 운임지수이다. AFRA(아프라, Average Freight Rate Assessment)는 선박의 크기별로 6가지로 구분하고 있다.

(2) AFRAMAX

영국에 소재한 런던 탱커 브로커 위원회(London Tanker Brokers Panel)가 분류한 6가지 선형 가운데 재화중량톤(Dead Weight Tonnage : DWT) 45,000 ~79,999톤이 가장 수요가 많았기 때문에 79,999톤의 탱커를 관용적으로 석유 업계에서는 아프라막스급 탱커라 하며, 현재는 DWT95,000급 탱커까지도 폭넓게 아프라막스(Average Freight Rate Assessment at the Max. of Deadweight) 라고 일컫고 있다.

(3) CAPESIZE

남아프리카공화국 동해안에 있는 석탄수출항 Richards Bay(314m 이하, 폭 47.25m 이하, 흘수 17.1m 이하)에 입항 가능한 최대 선형을 말하여 왔으나, 일반적으로는 재화중량톤 15만 톤 전 후의 선박을 CAPESIZE라고 한다.

(4) HANDYSIZE

세계의 어느 항구에도 입항이 가능한 편리한 선형의 탱커 혹은 살물선으로써 재화중량톤수 25,000~30,000가 중심이며 비교적 크지 않은 항구에 배선되기 때문에 살물선의 경우에는 본선에 하역장치를 장비하고 있다.

(5) PANAMAX

파나마 운하(통항가능선의 최대폭 32.3m)를 운항할 수 있도록 선폭 32.2m 이하로 설계된 선박으로 통상적으로 재화중량톤 56,000~64,000의 계획만재흘

수 12m 전후의 선박이며, Post-Panamax급 선박이란 파나마 운하를 통과할 수 없는 선박을 의미한다.

(6) World Scale Rate

1969년 영국의 런던과 미국 NEW YORK의 브로커들이 중심이 되어 만든 탱커운임의 요율체계를 말하며 같은 해 9월 이후 세계 해운시장에 적용되었다. 즉 이는 중동 및 중남미 등 세계 주요 석유수출항으로부터 뉴욕, 런던 등의 주요 지역으로 향하는 각 항로에 DWT 19,500급 탱커를 14노트로 운항하는 경우 적용되는 표준운임을 기준으로 산정되는 백분비이다. 아시아의 경우 중동의 두바이에서 일본의 동경만까지의 운임을 기본으로 하고 있다.

그러나 산정기준을 정한지가 20년 이상이 경과하였고, 그동안의 선박의 대형화 및 고속화 등의 환경변화로 인하여 기존의 월드스케일의 불일치를 개선하기 위하여 1989년부터 New World Scale을 제정 실시하고 있다.

① 장기항해 : N50 → NW57

② 단기항해 : N140 → NW155

(7) New World Scale과 World Scale 간의 차이

〈표 1-2〉 New World Scale과 World Scale 간의 차이

구 분		World Scale	New World Scale
기준선박	선형 선속 항해유류 소비 기타 유류 소비 항만체선 고정운항비(H/P)	19,500DWT 14.0Knots 28톤/일 72Hrs+12Hrs/Port $1,800/일	75,000DWT 14.5Knots 55톤/일 100톤/항차 72Hrs+12Hrs/Port $12,800/일
코스트 기준변수	Bunker Price 가격통계 운하통과 시간	과거 6개월 평균 World Scale 자료 30Hrs	매년 9월 평균가격 Cockett Marine Oil Co. 24Hrs
기준서 발간		매년 2회(1, 7월)	연 1회(1월)

5. Crude Oil Tanker

보통 석유(crude oil)를 운송하는 선박을 말하며, 실무상으로는 원유탱커라고 하는 선박이다. 원유선의 최근의 경향과 특징을 간단히 살펴보면 이중저(Double Bottom : DB) 구조와 분리밸러스트탱크(Segregated Ballast Tank : SBT)를 갖고 있으며, 상대적으로 고속화(17노트 이상)되어 있고, 대형화되었다는 점일 것이다.

그러나 기존 선박은 하역종료 후 화물창에 밸러스트(dirty ballast tank로 주로 wing tank) 임시로 싣고 Ballast 항해중 Cargo Tank & Line Cleaning 작업을 실시하여 클리닝이 완료된 Cargo Tank(주로 center tank)에 Ballast(clean ballast)를 Dirty Ballast Tank의 밸러스트는 해상에서 배출하는 방식이었다. 그 때문에 밸러스트 교체 작업과정에는 필수적으로 기름의 해양유출을 수반할 수 밖에 없었다.

그러한 이유로 국제해사기구, 즉 IMO(International Maritime Organization)에서는 MARPOL 73/78(International Convention for the Prevention Of Pollution From Ships, 1973 & International Convention for the Prevention Of Pollution

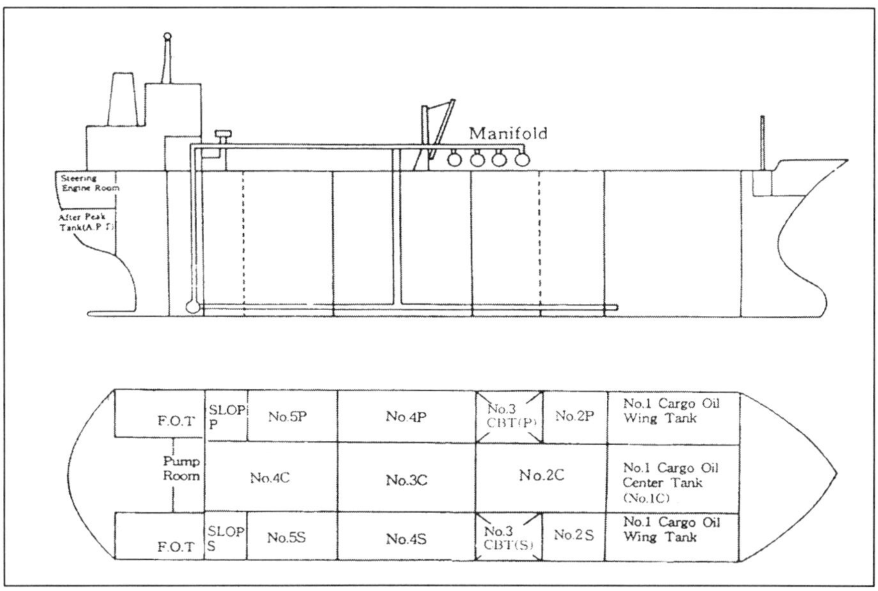

〈그림 1-17〉 Oil Tanker의 Cargo Tank Arrangement

From Ships as Modified by the Protocol Of 1978)을 제정, 20,000DWT 이상의 신조선의 경우에는 분리밸러스트탱크의 설치를 의무화하였으며, 미국은 1990년 미국해양오염방지법(OPA : Oil Pollution Act 33 U.S.C. 2702 to 2761)을 제정하여 미국영해에 입항하는 모든 기름탱커(oil tanker)는 Double Bottom 설치를 의무화하여 선박이 충돌, 좌초, 화재 등이 발생한 경우에도 기름유출에 의한 해양오염을 최소화할 수 있는 구조를 갖게 되었다.

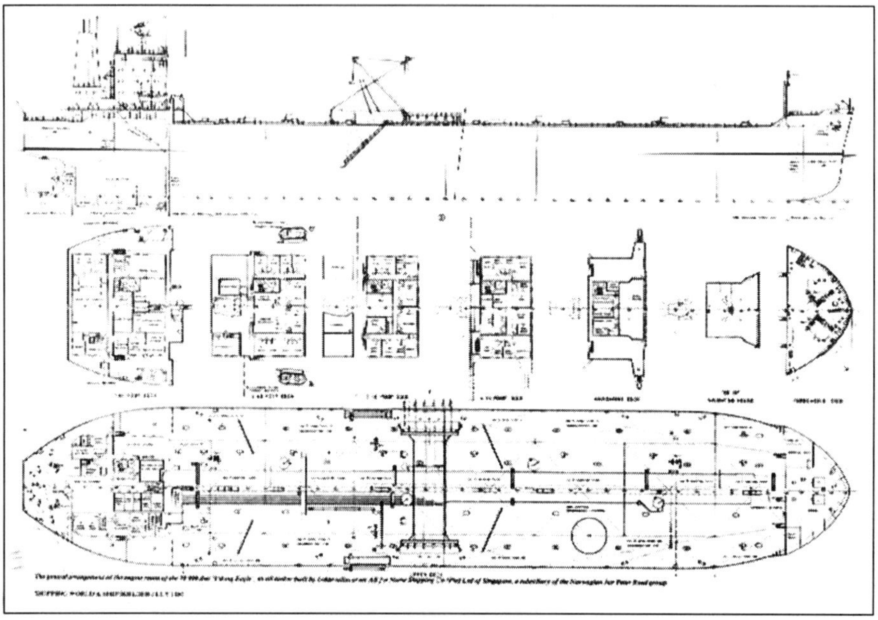

〈그림 1-18〉 General Arrangement of Crude Oil Tanker

6. 탱크의 일반적인 구조

원유탱커의 카고탱크의 일반적인 구조는 〈그림 1-19〉에서와 같이 화물을 싣는 카고탱크가 중앙에 위치하고 화물 탱크 양현에 윙밸러스트탱크(side wing ballast tank)를 하부에 이중저탱크(double bottom tank)를 배치시켜 좌초 등에 의하여 선박이 손상되더라도 일차적으로 이중저 또는 윙밸러스트 탱크가 손상을 입으므로 화물 탱크의 파공에 의한 기름유출을 방지하는 구조를 가지고 있다.

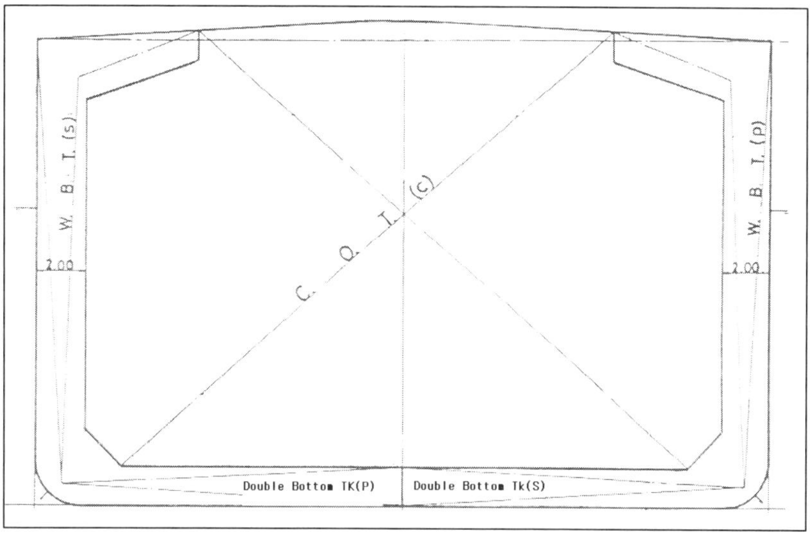

〈그림 1-19〉 General Arrangement of Crude Oil Tanker

한편 탱크 내부의 구조를 살펴보면 종강력을 보강하는 부재로는 탱크바닥과 현측으로 론지(longi)를 배치하고 횡강력을 보강하는 부재로는 호퍼(hofer), 스티프너(stiffner), 벌크헤드(bulkhead) 등으로 보강재를 취부하여 선박의 강도를 유지하고 있다.

7. Chemical Tanker

독성(toxicity), 유해성(hazards) 및 폭발성(explosion)의 성질을 가진 화물(암모니아, 에틸렌, 염화비닐, 유황 등)을 전문적으로 운송하는 선박을 총칭한다.

(1) Chemical Tanker의 화물의 특성

① 소량 다품종 화물을 선적함으로써 독립된 많은 화물 탱크와 펌프 및 독립된 Piping System이 필요하다.

② 고품질 고가(高價) 화물이 주류로 Loading/Unloading 및 운송조건이 까다롭다(그러므로 철저한 tank cleaning 작업을 요한다).

③ 선적되는 화물의 특성이 다양하여 그로인한 탱크 및 관련 장비의 재질 및 구조설비 기준이 다양하다.

(2) Chemical Tanker의 선박의 특성

① 다른 액체화물 운송선박에 비하여 선박의 크기가 비교적 중소형이다.
- 연근해 선박 : 3,000DWT 이하
- 중형 케미컬 탱커 : 10,000DWT 이하
- 원양 대형 케미컬 탱커 : 10,000~60,000DWT

② 주로 운송하는 화물에 따라 선박구조 및 설비기준이 다양하다.

③ 선가가 상대적으로 고가이다.

④ 높은 용선료(high hire base)

⑤ 운항지연을 가능한 없어야 하므로 선박 운항일정이 바쁘다.

(3) Chemical Tanker의 선박의 운항형태

① 대부분 정기선 운항형태로 화물을 확보한 후 선박을 투입한다(부정기 시장이 존재하기 어렵다).

② 케미컬 화물은 거의 선진국에서 사용되는 화물로써 선진국 간의 운항형태가 주류를 이루고 있다.

③ 3개 주요 운항항로
- 태평양 항로 : 동아시아~북미 서해안
- 인도양/유럽 항로 : 동아시아~인도양~지중해~유럽
- 대서양 항로 : 유럽~북미 동해안

02 탱커의 구조

1. CBT

CBT(Clean Ballast Tank)는 Single Hull(단일선체) 구조(構造)와 같은 개념으로 사용되며, 화물 탱크가 외부와 직접 접촉되는 구조로서 선박의 좌초, 충돌 혹은 침몰시 화물 탱크로부터 곧바로 해상으로 유출될 수 있는 위험을 가진 선체구이다.

지금도 이러한 단일구조 선박이 운항되고 있으며 우리나라 연안에서 발생한 대형의 해양오염사고(1995년 7월 전남 여천군 남면 소리도 인근에서 발생한 "Sea Prince호", 2007년 12월 충남 태안군 연안에서 발생한 "Hebei Spirit호" 사고 등)들은 충돌 혹은 좌초 후 화물 탱크가 파손됨으로써 원유가 직접 해상으로 유출되어 대규모의 오염사고로 발전한 예이다.

이러한 사고를 예방하기 위하여 IMO는 선박으로부터 해양오염을 방지하기 위한 국제협약(MALPOL : 1973)을 개정하여(1983년 10월 2일 발효) 단일선체 구조의 액체화물운반선의 취항을 제한하기 시작하였고, 현재에는 거의 대부분의 국가(후진국가의 일부분을 제외하고)에서 입항을 금지시키고 있는 실정이다.

① 유조선의 바닥은 일반적으로 Single Hull 구조로 구성되어 있다.

② 텡커가 기름을 양하한 후 선박의 항해를 위해 필요한 선체수심(draft)을 유지하기 위해 적하해야 하는 밸러스트수는 적하할 수 있는 전용 Ballast Tank의 숫자가 통상 4개로는 부족하여, Unloading 시 기름탱크에 밸러스트를 추가로 적재해야 한다(dirty ballast).

③ 출항 후 통상적으로 전용 Clean Ballast Tank로 지정된(주로 #3, 5center tank) 탱크에 해수를 주입하기 위하여 Tank Cleaning 작업을 실시해야 한다.

④ 기름을 실었던 탱크의 Cleaning 작업을 완료하고 밸러스트 교체작업을 실시한다. 이러한 탱크크리닝 작업 및 밸러스트 교체작업중 해상오염발생위험(조작자의 실수로 인한 기름유출, 충돌, 좌초)이 매우 높다 하겠다.

2. SBT

SBT(Segregated Ballast Tank)는 분리밸러스트 시스템이라고도 하며 일명 "Double Hull"이라고 한다. CBT와 달리 화물 탱크가 밸러스트 탱크에 둘러싸여 있으므로, 이것이 1차 방벽을 형성함으로써 선체의 부식, 충돌, 침몰, 좌초 등의 사고(심각한 사고의 경우에는 예외)가 발생하여도 해상오염사고를 최소화할 수 있는 장점을 가지고 있다.

① 선박으로부터 해양오염을 방지하기 위한 국제협약(MALPOL : 1973)은 1983년 10월 2일 발효되었으며, 이는 액체화물운반선 가운데, 특히 유조선 선체의 이중저(double hull) 건조를 강제화하였다.

② 전용/분리밸러스트탱크(SBT) 수가 증가함으로써 선박의 운항효율성이 감소하였고, 그에 따라서 선체크기가 증대하였다.

③ Tank and Line Cleaning 작업이 불필요하게 되었으며, 해상오염발생위험이 현저히 감소되는 장점을 가지게 되었다.

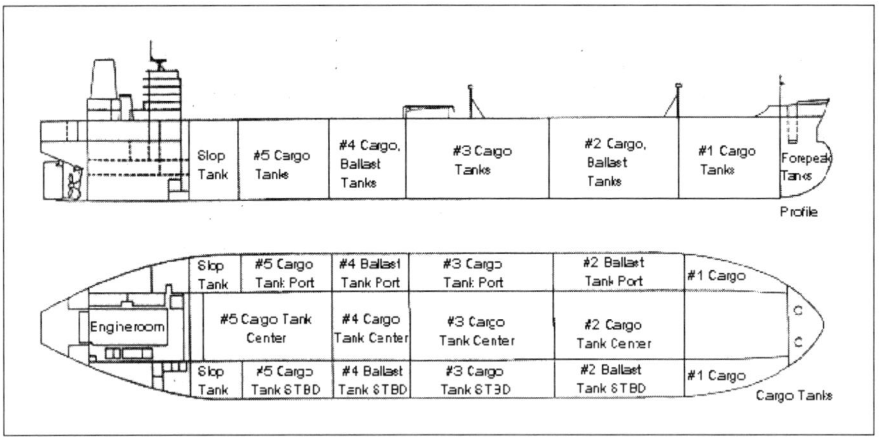

〈그림 1-20〉 CBT(Clean Ballast Tank)의 구조

3. 탱커의 배치

탱커는 선미부에 기관실, 중앙부에 화물 탱크들을 배치하고, 이 화물구역의 최전방과 최후방에는 안전상 코퍼댐(cofferdam)이나 보이드 스페이스(void space : 空所)로 다른 구역과 격리시킨다. 선수부에는 창고 · 밸러스트 탱크 등

을 배치하고, 선체 중앙부에는 전용 밸러스트 탱크를 배치하여 만재시 선체의 휨모멘트를 감소시키고, 공선 항해 시는 이 탱크에 해수를 채워 필요한 흘수(draft : 吃水)를 얻으며, 또한 선체의 휨모멘트를 줄인다. 거주 · 업무구역 및 항해선교(navigation bridge : 航海船橋)는 보통 선미부에 위치한다.

그러나 1960년대 이전의 대형 유조선은 선미부의 기관실 상부의 선미루에 기관부 사관과 일반선원용 거주 및 업무구역을 두고, 조선(操船)의 필요상 선체 중앙부에 항해선교 · 조타실 · 통신실, 그리고 선장 · 갑판부 사관 및 통신사를 위한 거주 · 업무구역을 두었으나, 1960년대 이후부터 점차 항해선교를 비롯하여 모든 거주 · 업무구역이 선미부에 모아지고, 선체 중앙부의 화물구역 상부에는 구조물이 없는 것이 대부분이다. 펌프실은 기관실의 바로 앞쪽, 화물구역과 기관실의 사이에 설치하며, 필요한 경우 추가의 펌프실을 선체 중앙부나 선수부에 증설한 것도 있다.

화물구역은 보통 종격벽(縱隔壁)에 의해서 3열로 나누어져 중앙의 센터탱크열과 좌우의 윙탱크열로 구분되고, 이들 탱크열은 다시 몇 개의 횡격벽(橫隔壁)에 의해 구획되어 각각 독립된 센터탱크들과 윙탱크들이 된다. 화물용 펌프는 대개 2~4개를 가지며, 이들은 총합계능력이 만재화물유를 20시간 내외에 하역할 수 있는 대형 펌프들이다. 유조선은 같은 크기의 보통화물선보다 더 많은 화물을 실을 수 있도록 선체가(흘수에 비례하여) 보다 많이 물속에 잠기게 되는 것을 법규로써 허용하고 있다.

이러한 경우 유조선은 악천후에서도 승무원들이 갑판상을 안전하게 걸어다닐 수 있는 높고 안전한 통로를 전후방향으로 설치해야 하는데, 대개는 갑판상의 화물용 파이프 라인 상부에 설치한다. 또한 갑판상에 올라온 파도, 즉 해수가 쉽게 선체 밖으로 흘러나가도록 상갑판의 겉둘레를 철판벽으로 막은 모양의 불워크(bulwark) 대신 철재 파이프로 난간을 만들도록 하고 있다. 하역용 파이프 라인은 갑판상에 배치하고, 육상 파이프라인과의 연결은 선체 중앙의 좌우에 설치된 매니폴드(manifold)에다 고무호스나 칙산암(chicksan arm)으로 연결한다.

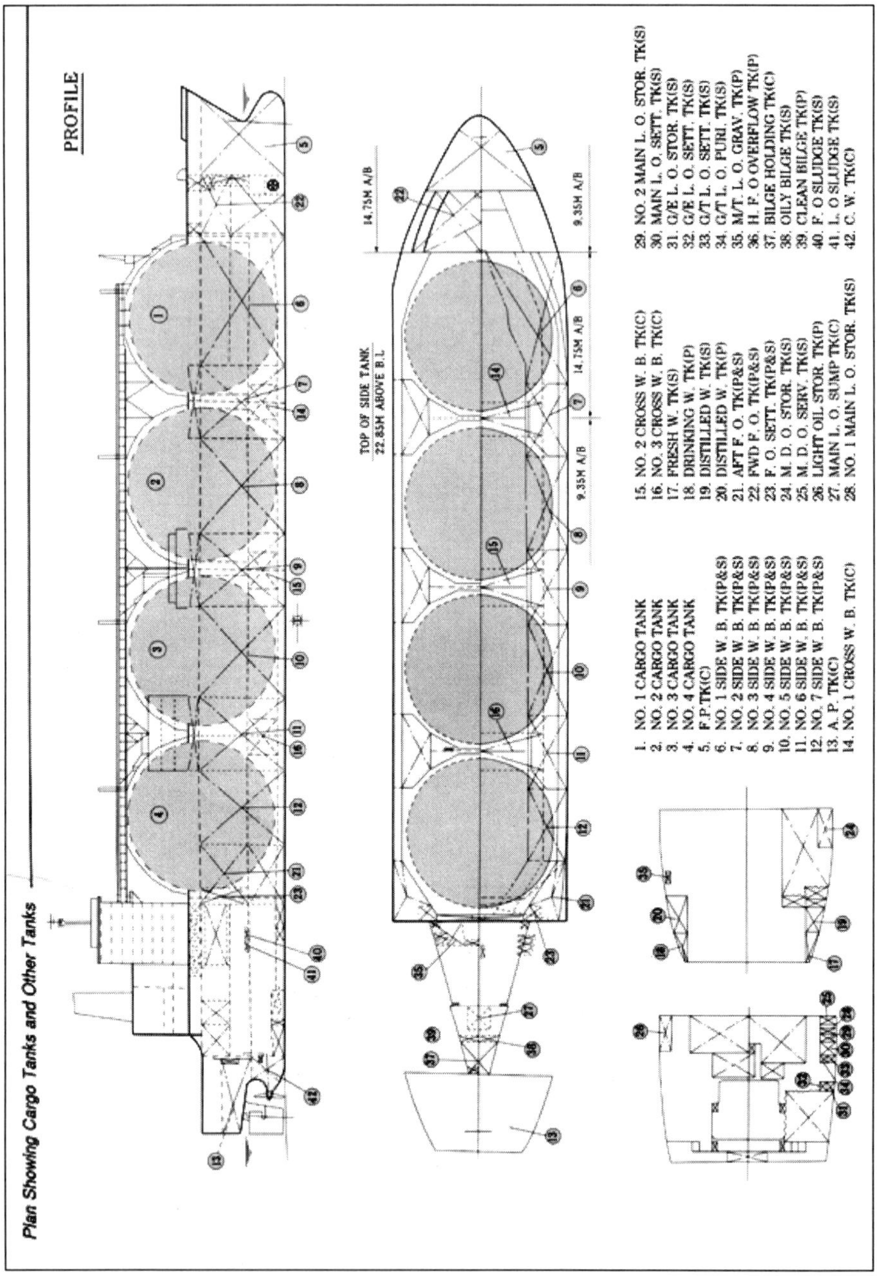

〈그림 1-21〉 SBT(Segregated Ballast Tank)의 구조

03 탱커의 주요 설비

1. Main Cargo Pump

탱커의 하역작업에 있어서 적하(loading)는 육상의 펌프를 이용하지만 양하(unloading or discharging)의 경우에는 본선에 설치된 카고펌프(cargo pump)를 이용하여 화물을 육상으로 보낸다.

그러므로 액체화물운반선에서의 핵심적인 화물설비는 바로 카고펌프라고 할 수 있다. 이러한 카고펌프는 액체화물운반선에서의 종류에 따라 다르며, LNG(Liquefied Natural Gas) Carrier나 LPG(Liquefied Petroleum Gas) Carrier의 경우 잠수식 다단 원심펌프를 사용하며, 원양 유탱커의 경우에는 원심 펌프, 연안 유탱커의 경우에는 이모 펌프 및 기어펌프를, 케미컬 탱커의 경우에는 서브머지드 펌프 및 딥웰 펌프(deep well pump)를 주로 사용한다.

카고펌프를 구동하기 위한 원동기의 종류도 각각 다른데 원양 유탱커의 원심펌프는 증기터빈을 주로 사용하지만 연안 유탱커의 경우와 LNG Carrier에는 모터를 이용한다. 여러 종류의 화물을 싣는 케미컬 탱커의 경우에는 대개 각 탱크마다 별도의 독립된 펌프를 설치해서 독립 구동한다.

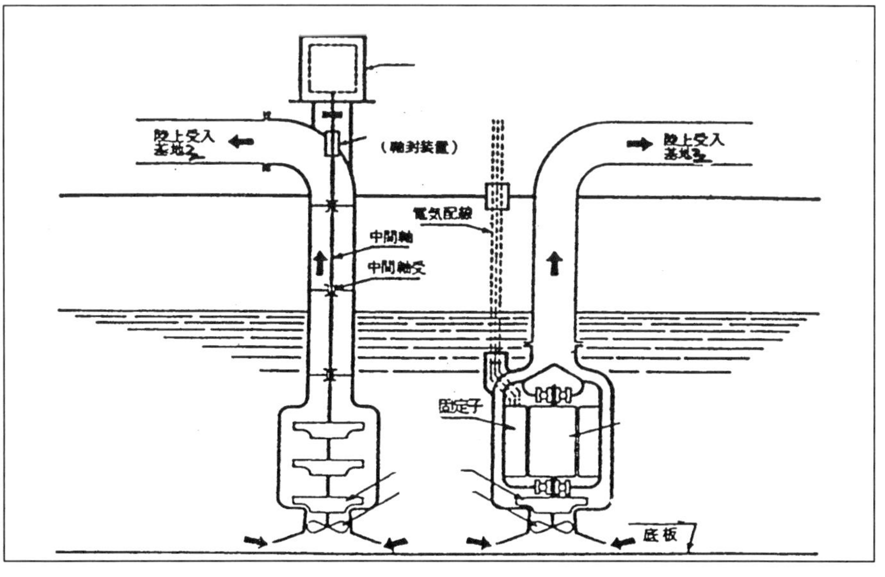

〈그림 1-22〉 LNGC용 Deep Well 및 Centrifugal Cargo Pump

〈그림 1-23〉 LNGC용 Centrifugal Cargo Pump

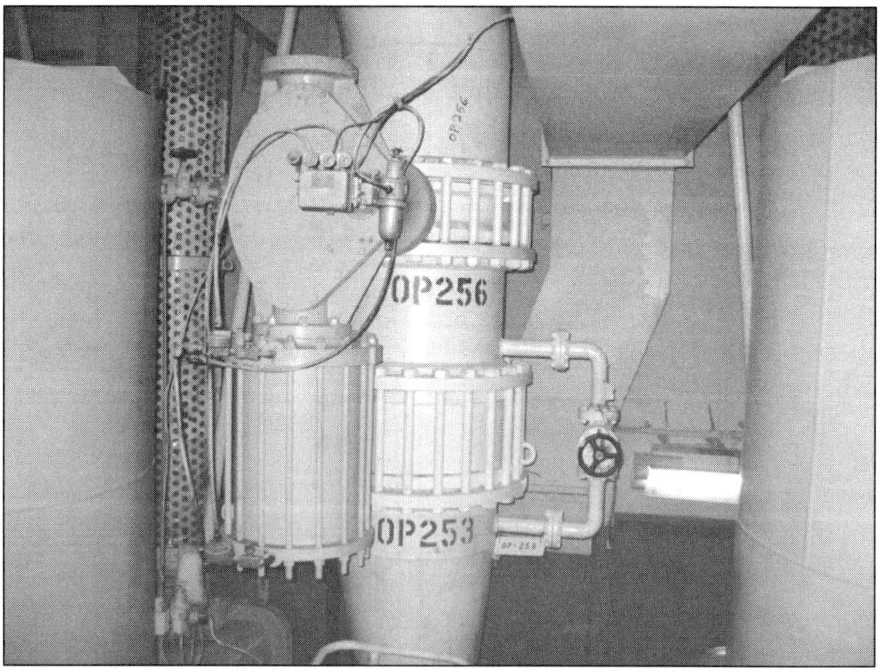

〈그림 1-24〉 Crude Oil Tanker의 Centrifugal Cargo Pump 1

〈그림 1-25〉 Crude Oil Tanker의 Centrifugal Cargo Pump 2

〈그림 1-26〉 Crude Oil Tanker의 Centrifugal Cargo Pump 3

(1) 펌프의 원리

토리첼리의 실험에 의하면 대기압은 수은주(水銀柱) 약 76cm에 해당하며, 이것을 수주(水柱)로 환산하면 76cm × 13.6 ≒ 1033cm이 된다. 이것은 대기압력을 이용하여 약 10m의 높이까지 물을 끌어 올릴 수 있다는 것을 의미한다. 이 원리를 이용하여 낮은 곳의 액체를 끌어올려 가압(加壓)하여 높은 곳으로 또는 압력이 있는 용기로 보내는 장치가 펌프(pump)이다.

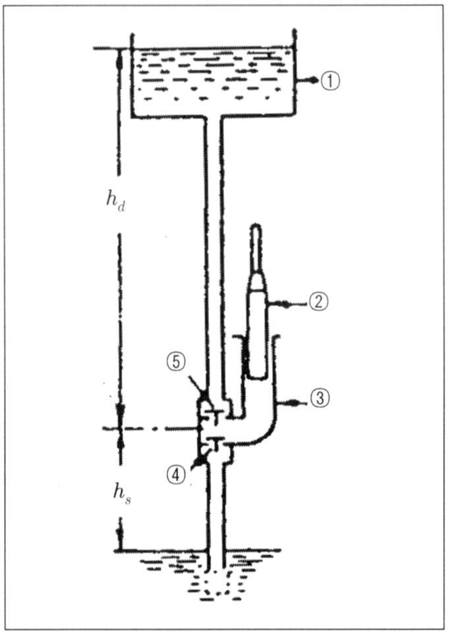

〈그림 1-27〉 펌프의 원리

〈그림 1-27〉에서 보면 Plunger②를 끌어올리면 Cylinder③에 국부진공이 생기고 Delivery Valve⑤가 닫히며 흡입관 내의 액체는 흡입 측의 수면에 걸리는 대기압의 작용을 받아서 밀어올려진다. 밀어올려진 액체는 Suction Valve④를 열고 Cylinder 내로 들어간다.

다음에 Plunger②를 밀어내리면 Suction Valve④가 닫히고 액체는 Delivery Valve⑤에서 토출관을 거쳐서 Tank①로 보내진다. 이와 같이 펌프는 진공을 만들어 내는 장치이고 액체는 대기압에 의해서 펌프 내로 밀려들어간다고 보면 된다.

그래서 펌프 출구에서의 토출압력(吐出水頭)은 동력의 사정에 따라서 얼마든지 크게 할 수 있으나, 흡입 측의 흡입수두(suction head)는 대기압에 의해서 형성되기 때문에 완전한 진공의 상태에서도 약 1,033cm 밖에 되지 않는 것이고, 이론상 대기압 하에서는 어떠한 펌프도 10m 이상 뽑아 올릴 수 없다. 여기에 관로 내의 마찰저항 등의 손실을 감안하면 실제로는 6~7m가 최대 흡입수두라 할 수 있다. 이러한 이유로 일반적인 카고펌프(cargo pump)의 흡입수두는 대략 −5.0m인 경우가 대부분이다.

(2) 펌프의 일과 양정

1) 펌프의 일

일(work)이란 어떤 무게를 일정거리 이동시키는데 요구되는 에너지를 말하며 다음과 같이 표현할 수 있다.

$$일 = 질량 \times 이동거리$$

즉, 펌프에서의 일량은 일정 무게의 액체가 파이프 라인, 밸브(valve) 등을 통과하게 되고 유량도 변화하게 되므로 이러한 요소들을 수두(水頭)라는 단위로 변환하여 나타낸다. 수평기준면에서 일정한 높이를 갖는 관로 내를 유체가 흐르는 경우 이 액체가 비압축성, 비점성 유체일 경우 베르누이(Bernoulli)의 정의의 에너지 보존의 법칙에 따라 다음과 같은 에너지 방정식이 성립된다. 단 시스템에서 유체의 손실은 없고 마찰이 없다고 가정한다.

$$\begin{aligned} 펌프의\ 일량 &= 위치수두 + 압력수두 + 속도수두 \\ &= H + \left(\frac{P}{\rho g}\right) + \left(\frac{v^2}{2g}\right) \end{aligned}$$

여기서, P는 압력계 상에서 측정된 정압(kg/m²), ρ는 절대밀도(kg/m²) g는 중력가속도(9.80665m/sec²), $\frac{P}{\rho g}$는 압력수두, $\frac{v^2}{2g}$는 속도수두이다.

관(pipe) 내를 흐르는 유체의 에너지는 관의 가운데에서 생성되거나 없어지지 않으므로 관의 단면적이 작아지면 유속은 빨라지고, 관의 단면적이 커지면 유속은 느려진다. 이를 수식으로 표현하면,

$$Q = A \times V$$

여기서, A는 관의 단면적(m^2), V는 유속(m/sec), Q는 유량(m^3/sec)이다.

그러므로 위의 세 가지 형태의 에너지는 서로가 변환될 수 있고 시스템 내에서 연속적으로 발생하게 된다.

2) 펌프의 양정

펌프는 유체를 낮은 곳에서 높은 곳으로 토출하거나 압력을 가하는 기계이므로 토출 또는 가압하는 일의 양을 양정(head) 또는 수두라는 단위로 나타내고 Meter(m)로 단위를 표시한다.

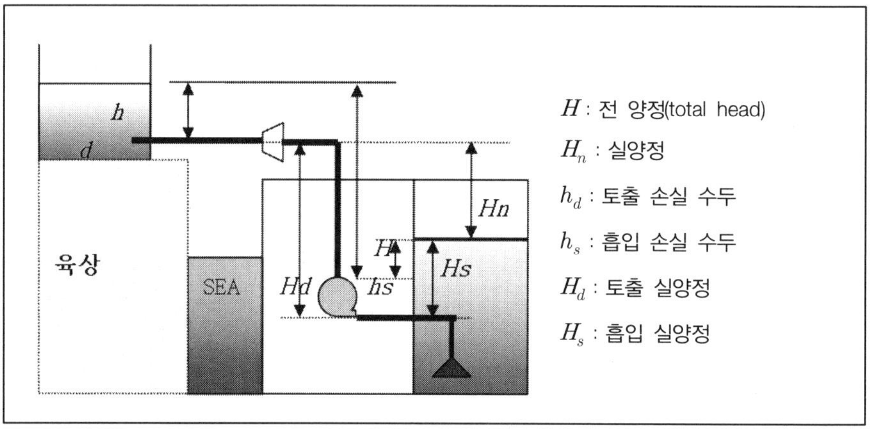

〈그림 1-28〉 펌프의 양정

① 실양정(H_n)

펌프 중심으로부터 흡입 액면까지의 높이(H_s)를 흡입 실양정, 토출 탱크의 액면까지의 높이(H_d)를 토출 실양정이 되고 전양정은 이를 합한 것과 같다.

$$H_n = H_d + H_s$$

여기에서 흡입 액면이 펌프의 중심보다 높을 때 H_s는 '−', 낮을 때는 '+'가 된다.

② 시스템 내의 손실

시스템 내에 있는 흡입관, 토출관의 거리, 구부러짐, 관경의 변경 등에 의하여 저항이 생기게 마련이고 이 때문에 실양정은 이론상의 것보다 작아지게 된다. 그러나 이러한 관로 내의 손실을 정확하게 측정하기는 어려우므로 다음과 같은 실험식을 사용하여 계산하게 된다.

$$HL = fx\frac{L}{D} \times \frac{V^2}{2g}, \quad Q = V \times A, \quad V = \frac{Q}{A} = \frac{4Q}{\pi D^2}$$

여기서, L은 직관의 길이(m), A는 직관의 단면적(m^2), Q는 유량(m^3/h), f는 마찰손실계수, D는 관경(m)이다.

그러나 이러한 계산은 실무에서는 사용하기 어려우므로 흡입토출관에 부착된 압력계를 이용하면 된다. 압력계와 진공계에 나타난 압력은 상기의 관로 내의 손실을 포함한 수치를 나타내므로 다음과 같이 표현할 수 있다.

$$진공계의\ 눈금(P_s) = H_s + h_s$$
$$압력계의\ 눈금(P_d) = H_d + h_d$$

전양정과 실양정의 비율은 배관의 형상, 유체의 속도에 따라 일정하지는 않지만 일반적으로 1.2~1.5 정도이며, 배관이 복잡하게 되어 있지 않을 경우 1.3정도가 된다고 알려져 있다.

③ 펌프의 효율

위와 같이 손실로 인하여 전양정보다 실양정이 항상 작게 되므로 실양정보다 많은 여분의 동력을 가해야만 액체를 원하는 곳까지 양액(揚液)할 수 있다. 이때 필요한 여분의 마력을 제동마력(BHP) 또는 축마력(SHP)이라 하고 축마력과 수마력(Water Horse Power : WHP)의 비율을 효율(η)이라고 한다.

$$\text{펌프의 효율}(\eta) = \frac{\text{WHP}}{\text{SHP}}$$

④ 속도수두와 압력수두

펌프의 양정에 영향을 주는 요소로서 흡입면과 토출면에 미치는 압력수두와 관내를 흐르는 액체에 생기는 속도수두가 있으나, 아주 미소하기 때문에 무시하여도 무방하다.

⑤ 전 양정

전 양정(total head)은 실양정, 관로내의 손실 및 압력수두와 속도수두를 모두 합한 것과 같으므로 다음과 같이 나타낼 수 있다.

$$\text{전 양정} = (H_d + H_{s)} + (h_s + h_d) \ = P_s + P_d$$

여기서 양액하는 액체의 비중을 γ이라고 하면

$$\text{전 양정} = \frac{(P_s + P_d)}{\gamma \times 10}$$

단, 진공계의 눈금이 Suction Head인 경우 '−' Suction Lift인 경우는 '+'이다. 원양 유탱커의 경우에는 원심펌프, 연안 유탱커 경우에는 이모 펌프 및 기어 펌프를, 케미컬 탱커의 경우에는 서브머지드 펌프 및 딥웰 펌프를 주로 사용한다.

2. 펌프의 종류

펌프에는 많은 종류가 있으나 펌프의 기본 목적인 흡입작용에 필요한 Vacuum을 형성하는 방법에 따라 다음과 같이 구별할 수 있다.

(1) Reciprocating Pump(왕복동 펌프)

Plunger 또는 피스톤의 왕복운동에 의해서 물을 흡입/토출하는 펌프이다.

(2) Centrifugal Pump

Impeller의 회전에 의해서 액체에 압력과 속도 에너지를 만들고 액체가 펌프 Casing을 통과하는 사이 속도 에너지를 양력 에너지로 변환시켜서 높은 곳 또는 압력이 있는 곳에 액체를 보내는 펌프이다. 원심력을 이용하기 때문에 원심력 펌프라고 하며, 대부분의 기름탱크에서 Main 카고펌프로 채용하는 방식이며 Main 카고펌프항에서 상세히 설명하기로 한다.

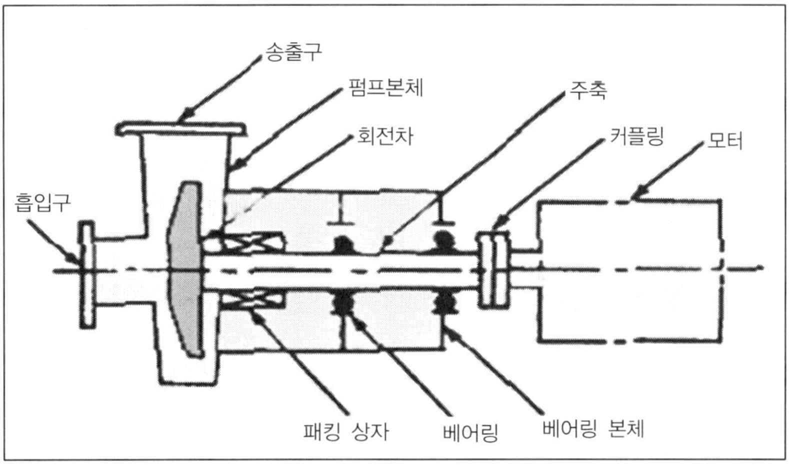

〈그림 1-29〉 원심 펌프의 개요도

(3) Propeller Pump

원심 펌프의 Impeller를 프로펠러(propeller)로 대체한 것으로 보통 원심 펌프와 같이 취급되기도 하나 작동원리는 아주 다르다. 이 펌프는 프로펠러가 액체에 주는 양력에 의해서 송수를 하게 되는데 액체의 운동방향이 펌프의 구동방향이 되기 때문에 측류 펌프라 하기도 하며 보통 대용량, 저양정인 곳에 사용된다.

(4) Rotary Pump(선전 펌프)

왕복동 펌프의 왕복운동을 회전운동으로 바꾸어서 송수하는 펌프이고 Suction Valve, Discharge Valve가 없으므로 고장도 적고 고속 회전을 시킬 수 있다. 회전체의 형상에 따라 기어 펌프(gear pump), 스크루우 펌프(screw pump), 슬라이딩 베인 펌프(sliding vane pump) 등이 있다.

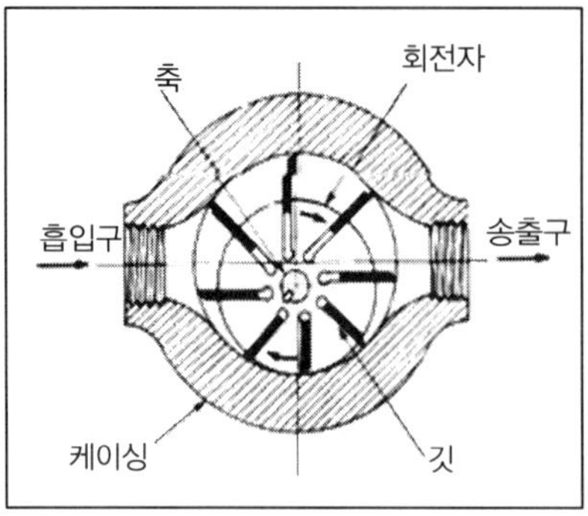

〈그림 1-30〉 Vane 펌프

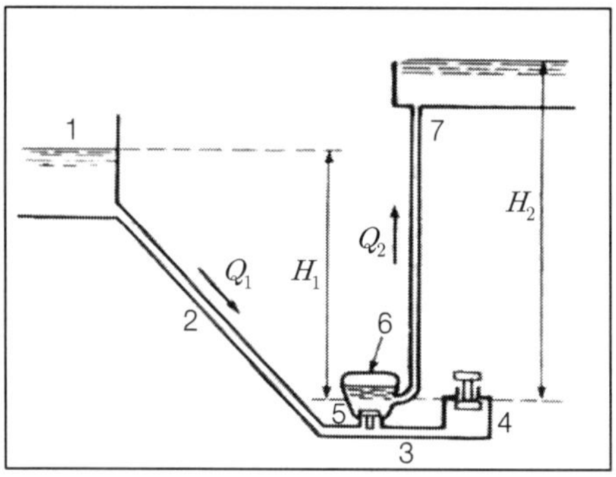

〈그림 1-31〉 수격 펌프

3. Cargo Piping System for Tanker

Tank Piping System의 기본개념은 어떠한 카고펌프를 이용해서도 화물을 양하할 수 있어야 하며, 매니폴드(manifold)의 어떤 라인을 이용하더라도 모든 카고탱크로 화물을 적하할 수 있어야 한다는 점이다.

그러나 Chemical Tanker와 같은 특수목적의 선박인 경우 각 탱크별로 독립적으로 라인과 펌프가 구비되어 있다.

원유탱커의 파이핑 시스템은 크게 선체 양현 중앙에 위치한 매니폴드를 포함한 데크 파이핑 시스템(deck piping system), 카고탱크 필링 라인 시스템(cargo tank filling line system) 및 펌프룸(pump room) 내의 라인을 포함한 펌프룸 파이핑 시스템(pump room piping system)으로 구성되어 있다.

먼저 본선에 기름을 적하(loading)하는 경우는 로딩터미널에 설치된 칙산암(chicksan arm)과 본선 매니폴드로를 연결하고 탱크내부에 있는 밸브를 Open하여 본선으로 기름이 들어오게 한다.

양하(unloading) 시는 이와는 반대의 Flow를 만든다. 즉 탱크내부에 있는 밸브를 오프(off)하고 본선에 설치된 카고펌프를 작동하여 매니폴드를 통하여 기름을 육상에 보내게 되는 과정인 것이다.

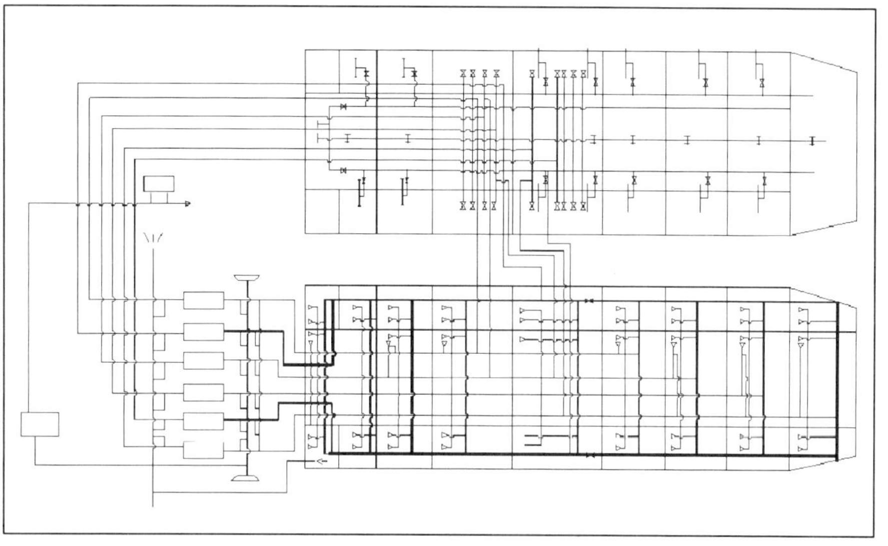

〈그림 1-32〉 Cargo Piping System 1

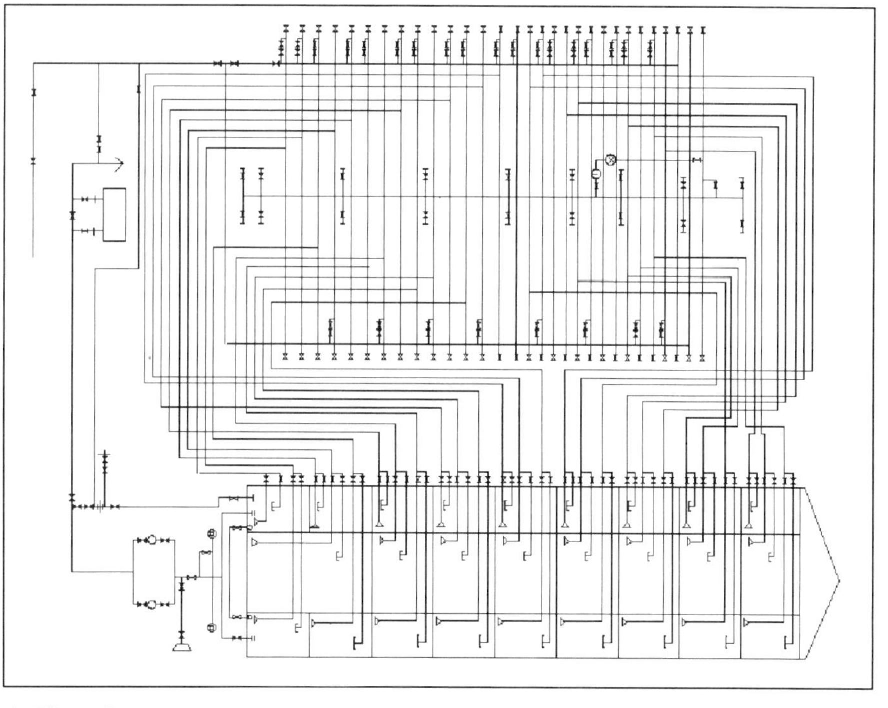

〈그림 1-33〉 Cargo Piping System 2

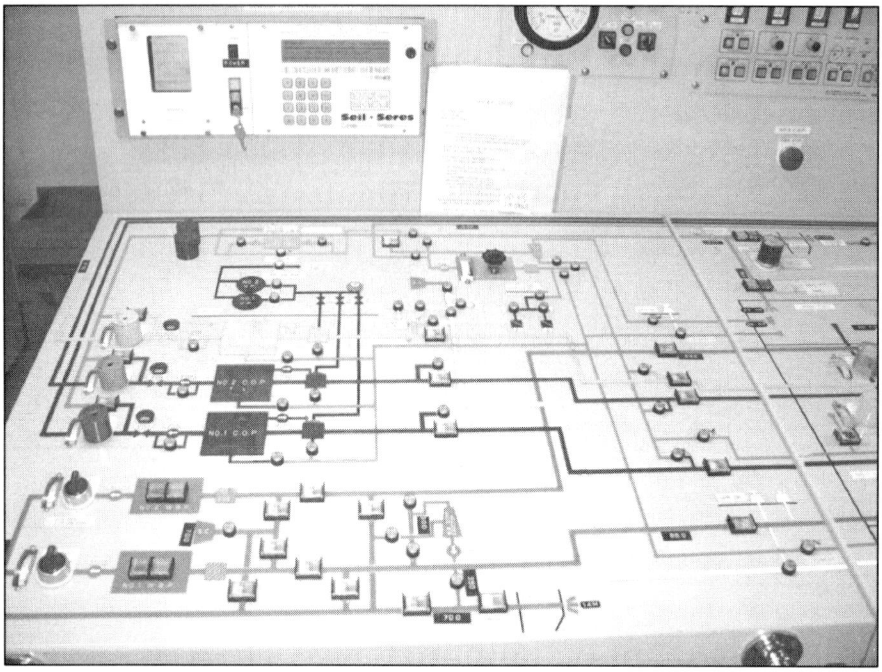

〈그림 1-34〉 Diagram for Cargo Piping System

〈그림 1-35〉 Chicksan Arm(Loading/Unloading Arm)

〈그림 1-36〉 Manifold

〈그림 1-37〉 Cargo Piping System

4. IGS

(1) IGS의 개요

카고탱크 내에 불활성 가스(inert gas)를 공급하여 탱크 내의 산소농도를 낮추어 불연성 범위로 만들어 폭발을 방지하기 위한 장치이다. 이 불활성가스로는 보일러의 배기 가스를 사용하는데, 이 가스의 성분들은 고온이며 유황성분, 그을음 등의 불순물을 포함하고 있으므로 이를 탈황, 탈진, 냉각하여 양질의 불활성 가스로 만들어 송풍기(blower)를 이용하여 카고탱크 내에 주입한다.

(2) IGS의 주요 부분

보일러로부터 Flue Gas를 공급하는 밸브로서 항상 고온이며, 그을음과 유황성분이 많은 Flue Gas를 직접 접하고 있으므로 장기간 미사용시 고착되는 경우가 있다. UP-Take V/V를 통해 항상 고온의 Flue Gas가 통과하므로 고온에도 잘 견디는 재질로 되어 있고 Pneumatic Actuator는 V/V의 고온으로부터 보호되어 있다. IGS(Inert Gas System)가 정지되어 있는 동안에는 V/V는 항상 Close되어 있고 Sealing Air가 주입되어 Boiler Flue Gas의 Leaking을 방지한다.

1) Quench Cooler(Pre-Cooler)

Flue Gas가 보일러로부터 Scrubber로 가기 전 먼저 한번 냉각시키는 역할을 한다.

2) Scrubber

Flue Gas를 탈황, 탈진, 냉각시키는 작용을 한다. IGS의 작동중에는 항상 Scrubber Pump에 의해 해수가 공급되어 일정 수위까지 내부에 고여 있어야 한다. 이 해수가 탈황, 탈진, 냉각작용을 하며, 가스의 역류도 방지한다. 300K KANGRIM IGS는 Sulphur dioxide를 약 96.5% 제거하고, 기타 Ash and Soot 등은 약 97.5% 정도를 제거한다. Scrubber를 통과한 가스의 온도는 해수온도의 약 +3℃ 정도가 된다.

3) Blower(Inert Gas Fan)

일종의 송풍기로서 Inert Gas를 카고탱크에 공급하기 위한 장치이다. 원유선의 경우 본선에 두 대 이상의 Blower를 설치하여야 하며, 두 대의 총 용량은 본선 카고펌프 총 용량의 125% 이상이어야 한다. 300K Main Blower 1대는 카고펌프 총 용량의 125%(18,750m³/h)이고, AUX. Blower 1대는 카고펌프 총 용량의 50%(9,375m³/h)이다(280K 각 Blower의 용량은 카고펌프 3대 총 용량의 62.5%(9,375m³/h)이다). Blower의 배출 Head는 Deck Water Seal의 물을 밀어올릴 수 있을 정도여야 한다. 300K KANGRIM IGS의 Delivery Valve에서 Discharge Pressure는 약 0.1bar이다.

4) O_2 분해기

카고탱크에 공급되는 Inert Gas의 산소농도는 5% 이하가 되어야 하며, 카고탱크 내에서의 산소농도는 8%를 초과하여서는 안된다(COW Operation시에는 Tank Operation Manual에 의거 카고탱크 내의 산소농도는 6%를 초과하여서는 안되고 기타 항만규정이 정하는 산소농도를 초과해서는 안된다). 그러므로 Blower에서 배출되는 가스의 산소농도를 연속적으로 측정하여야 하며, Inert Gas System Main Control Panel과 Cargo Oil Control Room의 지시기에 나타나야 한다. 또한 산소농도 5%와 8%에서 경보가 울리도록 해 주는 작용을 한다.

5) 온도검지기

Scrubber에서 나오는 Inert Gas의 온도는 해수온도 +3~5° 정도이지만 Blower를 통과하는 동안 높아지며, Scrubber의 냉각작용이 불량일 때도 높아질 수 있다. Blower 출구 측에서 센서에 의하여 검온을 하여 섭씨 60°가 되면 경보가 울리고 65°가 되면 시스템이 Trip되도록 장치되어 있다.

6) Deck Delivery Valve / Purge Valve

IGS의 운전중 탱크 내의 압력을 항상 일정하게 유지하기 위한 자동 밸브로서 탱크 내의 압력이 설정치 이상 올라가면 Delivery V/V가 Shut되고 Purge V/V가 열리며 설정치 이하로 떨어지면 반대로 된다. 운전중 탱크 내 압력에 따라 양 V/V 개도가 자동 조절된다.

7) Deck Water Seal

IGS의 정지 시 카고탱크 내의 가스가 역류하여 보일러로 들어오는 것을 방지하기 위한 장치로서 Deck상에 설치한다. 이를 위하여 유닛(Unit) 내에 해수를 일정 수위로 항상 유지함으로써 가스의 침투를 방지하며 해수는 항상 공급되어야 한다. 그러나 탱크 내의 압력이 과도하면 Backflow가 생겨서 IG Room Machinery Space 쪽으로 Gas가 역류할 수 있다. 그러므로 보통 Deck Seal Unit는 2500mmWG의 압력까지 Backflow를 견딜 수 있도록 되어 있다. 그리고 IMO Rule에 의해 Deck Seal Unit와 Deck Isolating Valve 사이에 Non-Return Valve가 설치되어야 한다.

8) Deck Isolating Valve

카고탱크와 Deck Water Seal 사이에 설치된 수동 밸브로서 항해중 탱크 내의 가스가 역류하는 것을 방지한다.

9) High Velocity Valve

각 카고탱크에 설치된 Safety Valve로서 일정 양압 1400mmAq 또는 부압 −350mmAq에서 오픈되어 탱크를 보호하는 작용을 한다.

10) Pressure Vaccum Breaker

Inert Gas Main Line에 설치된 안전장치로서 각 탱크에 설치된 High Velocity Valve가 작동되지 않을 시 이 장치가 Open되어 탱크를 보호하는 장치로 양압(1890mmAq) 이상 또는 부압(−630mmAq) 이하에서 작동된다. 물의 수위로서 조정하며, 항상 물이 일정 수위를 유지하여야 하며, 겨울에는 부동액을 보충하여 동파를 방지하여야 한다. 물을 보충할 때에는 모든 IG Branch V/V를 Shut하고 Vent Riser를 Open하여 IG Main Line과 PV Breaker 내의 압력을 대기압과 똑같이 0mmWG로 맞춘 후 '0'표시 레벨까지 물을 보충한다.

11) Main Vent Riser Valve

탱크 내의 압력을 낮추기 위하여 대기중으로 가스를 방출시 Deck상에 가스가 모이지 않도록 하기 위해 높이 설치된 Vent Riser의 밸브이다.

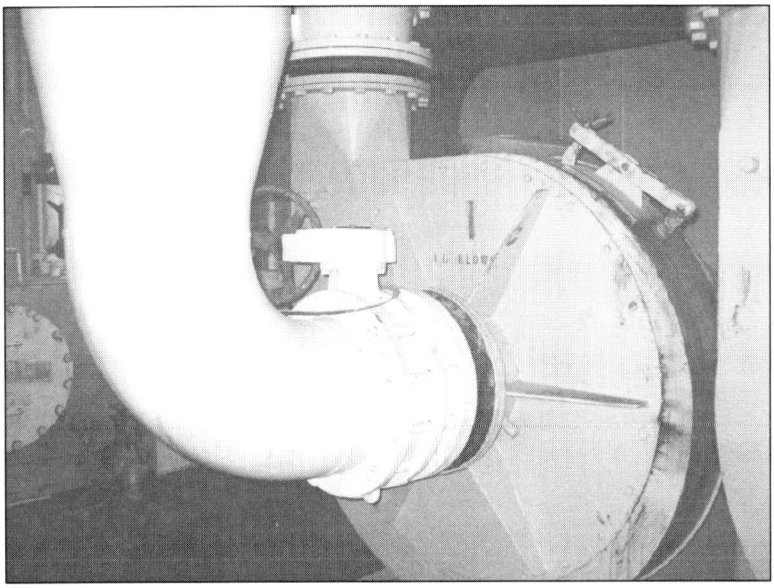

〈그림 1-38〉 IG Blower

〈그림 1-39〉 IG Branch Valve

〈그림 1-40〉 Deck Seal Tank

Ⅱ 화물의 종류, 특성 및 독성

01 원유의 정제공정

원유정제는 원유를 증류하여 각종 석유제품과 반제품을 제조하는 것을 말한다. 원유의 주성분은 탄소와 수소의 화합물인 탄화수소이며 이밖에 황, 질소, 산소 등의 화합물이 소량 함유되어 있다.

탄화수소는 그 분자를 구성하는 탄소원자(C)와 수소원자(H)의 수나 연결되는 모양에 따라 성질이 달라져 메탄(CH_4), 프로판(C_3H_8), 벤젠(C_6H_6) 등 여러 가지 종류로 구분된다. 원유의 주성분인 탄화수소는 증류에 의해 분리시킬 수가 있다. 즉, 이 탄화수소들의 끓는점이 각각 다른 특성을 이용하여 원유에서 휘발유 유분, 등유 유분, 경유 유분 등 주요 성분을 분리하여 뽑아낸다.

원유에서 각 유분을 뽑아내는 원리는 액체를 가열하면 기화되는데, 이를 파이프를 통해 냉각시키면 다시 액체로 변한다. 같은 원리로 원유를 가열하면 끓는점이 낮은 것부터 차례로 높은 것 순으로 증발하여 기화한다. 이것을 식혀 차례로 용기에 담으면 여러 가지 탄화수소가 끓는점 차이에 따라 분류되는데 이를 증류라 한다. 이렇게 뽑아 낸 여러 가지 유분 중에 포함되어 있는 불순물을 제거하고, 또 촉매를 첨가하여 탄화수소에 반응을 일으켜 성질이 다른 탄화수소를 만들어 내는 '분해', '개질'과정을 기쳐 양질의 석유제품을 만들어 내는 것이다. 이와 같은 증류, 탈황, 분해, 개질 등의 공정을 총칭하여 석유정제라고 한다.

원유의 주성분인 탄화수소를 끓는점 차이에 따라 분리하는 증류공정을 말하며, 화학적인 방법에 의하여 각 유분 중 분자의 구조를 변화시키는 처리를 하여 제품의 품질을 향상시키는 공정으로 정제공정의 핵심 기술이다.

이 공정에서 생산된 각종 유분들에 포함된 황, 질소, 금속 화합물 등 불순물을 제거하는 공정을 Treating이라 하며, 수소를 사용하여 불순물을 제거하는 경우가 대부분이며 수소처리(hydrotreating) 공정이라고 한다.

규격에 맞는 제품을 생산하기 위한 공정으로 유분의 블렌딩 공정(blending process)이라 하는데 이 공정은 물리적인 것으로 단순하나 실제로는 기술을 요한다.

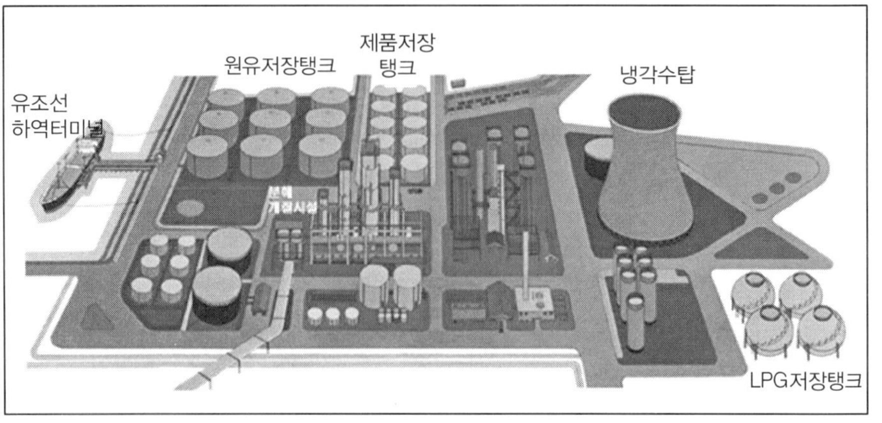

〈그림 2-2〉 정유공장 개념도

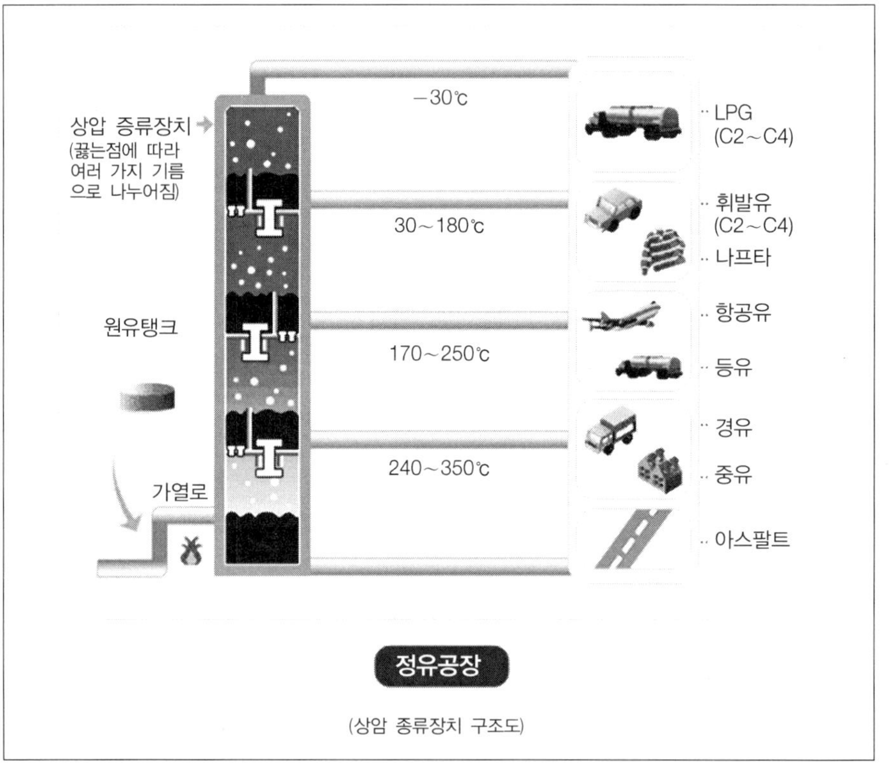

〈그림 2-2〉 상압 증류장치 구조도

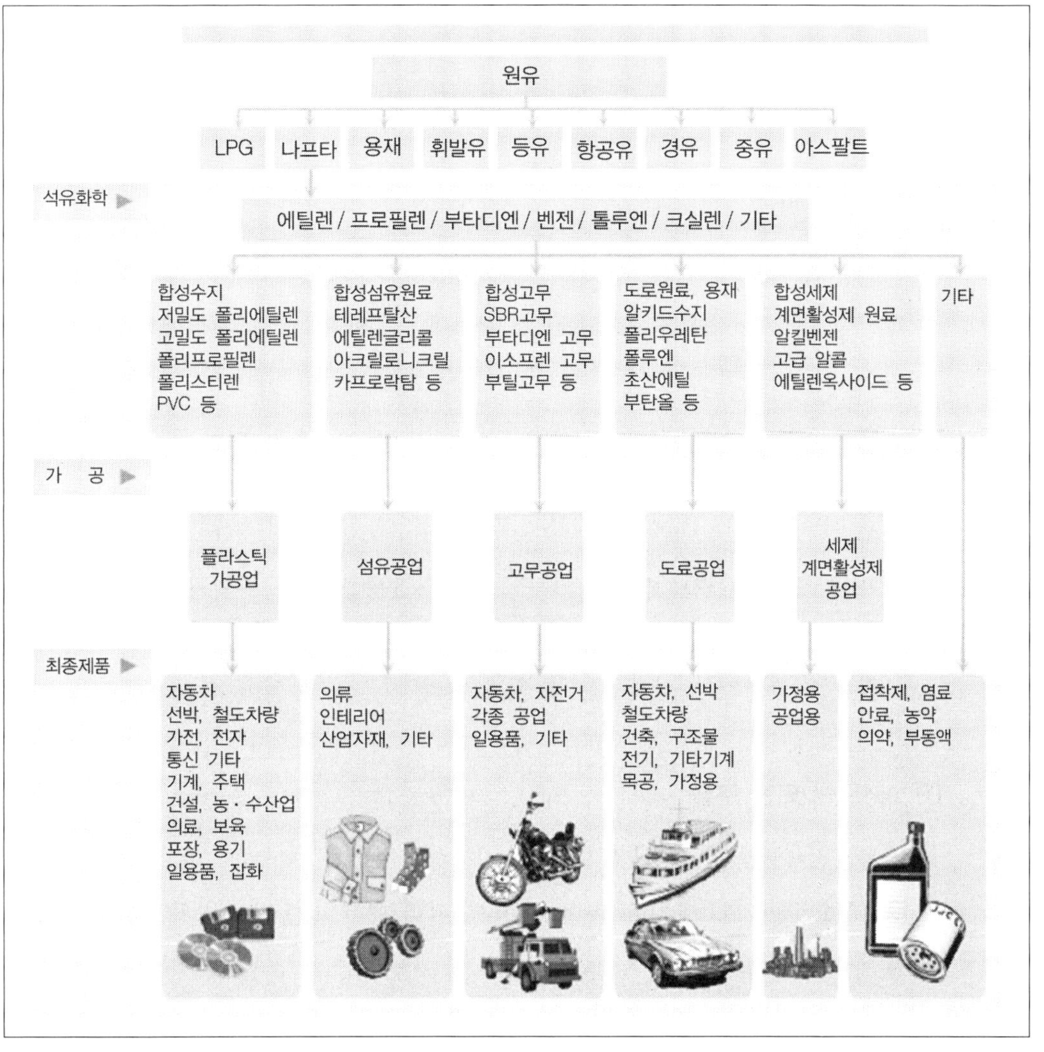

〈그림 2-3〉 석유화학 계통도

02 화물의 종류

1. Crude Oil

원유가 매장되어 있는 유전(oil field)에서는 원유와 함께 가스가 산출되는데 유전내 가스는 대부분 소량으로서 원유를 정제하여 얻어지는 LPG와 유사한 성분이며 경제성 여부에 따라 채취를 결정한다.

가스만 매장되어 있는 곳(gas field)도 있는데, 메탄 성분의 가스를 천연가스(natural gas)라고 하며, 천연가스가 가스전의 내부압력으로 인해 액체상태로 변하기도 하는 데 이를 콘덴세이트(condensate)라 한다. 콘덴세이트는 순도가 높아서 석유화학원료로 사용되기도 하며, 원유정제 시 투입되어 제품의 질을 높이는데 쓰이기도 한다.

원유는 생산지와 산출되는 유층에 따라 성분과 품질이 각각 다르다.

(1) API도에 의한 분류

물리적 성질에 의한 분류로서 미국석유협회가 제정한 비중표시 방식인 API(American Petroleum Institute)도에 따라 분류하는 방식을 말하며 API도가 높을수록(경질원유일수록) 경질 석유 제품(휘발유, 나프타 등)의 생산량이 많고, API도가 낮을수록 중질 석유제품(중유 등)의 생산량이 많다.

① 중질(重質)원유 : API 30 이하

② 중질(中質)원유 : API 30 이상 34 이하

③ 경질(經質)원유 : API 34 이상

〈표 2-1〉 아시아, 유럽, 미주 지역의 대표 유종

유 종	API도	황함유량(%)	품 질
Dubai	31.0	2.04	중질(中質) 고유황
Brent	38.3	0.37	경질(經質) 고유황
WTI	38~40	0.24	경질(經質) 고유황

(2) 황함유량에 따른 분류

최근 환경문제가 대두됨에 따라 원유 성분 중의 황함유량이 중요시되고 있는데 대체적으로 황함유율(%)로 비교해서 1% 이하인 것을 저유황 원유, 2%를 넘는 것을 고유황 원유라고 하며 중간인 것에 대한 호칭은 그다지 사용하지 않는다.

〈표 2-2〉 황함유량에 따른 분류

Sour Crude	Sweet Crude
中, 重質 고유황	經質 저유황

(3) 성상에 의한 분류

같은 생산지에서도 성상에 많은 차이가 있기 때문에 원유를 그 성상에 따라 분류하기는 어려우나, 크게 나누어 나프텐기 원유(아스팔트기 원유), 파라핀기 원유, 혼합기 원유로 나눈다.

① 나프텐기 원유 : 나프텐계의 탄화수소를 많이 함유한 원유를 말하며, 그 대표적인 것으로 미국의 캘리포니아 원유, 텍사스 원유, 멕시코 원유, 베네수엘라 원유 등이 있다. 이들 원유는 휘발유의 품질이 좋고(옥탄가가 높음), 좋은 아스팔트를 생산할 수 있으나, 등유, 경유는 품질이 나쁘다.

② 파라핀기 원유 : 파라핀계의 탄화수소를 많이 함유한 원유로서 그 대표적인 것으로는 미국의 펜실바니아 원유, 수마트라 원유, 아라비아 원유 등이 있다. 등유, 경유의 품질은 우수하나 휘발유의 옥탄가는 낮다.

③ 혼합기 원유 : 양자의 중간성질을 가진 것으로 캐나다계의 원유 등이 이에 속한다.

그러나 이와 같은 분류는 어디까지나 편의적인 것으로 실제로는 각 유분의 품질상의 결점은 대부분 정제공정에서 해결될 수 있다. 원유에 따라 성상이나 수율이 크게 다르기 때문에 정제에 있어서 필요로 하는 장치도 달라진다. 일반적으로 연료유는 어느 원유에서든지 얻을 수 있으나, 특수한 석유제품은 원유도 한정되는 경우가 많다.

〈표 2-3〉 산지에 따른 황함유량

구 분		비중	황함량(%)	생산량(b/d)
사우디	Arab Light	34	1.78	5백만
	Arab Extra Light	38.4	1.16	1.3백만
	Arab Heavy	28.7	2.79	0.6~0.8백만
	Arab Extra Heavy	31.8	2.45	0.5백만
이 란	Iran Heavy	30.2	1.77	1.5백만
	Iran Light	33.2	1.50	0.7백만
쿠웨이트	Kuwait	32.4	2.55	2.0~2.1백만
이라크	Basrah Light	33.7	1.95	1.8백만
	Kirkuk	35.1	1.97	0.9백만
UAE	Dubai	31.0	2.04	0.15백만
나이지리아	Bonny Light	35.4	0.14	0.42백만
영 국	Brent	38.3	0.37	0.42백만
	Forties	41.6	0.24	0.78백만
미 국	Wti	39.6	0.24	0.36백만
	Alaskan North Slope	30.0	1.09	0.95백만
말레이시아	Tapis	45.5	0.02	0.31백만
인도네시아	Duri	20.8	0.2	0.25백만
	Minas	35	0.08	0.42백만
중 국	Daqing	32.3	0.11	1.1백만

2. 석유 제품유

(1) 휘발유

① 석유제품 중 가장 널리 알려져 있다.

② 비점 범위 : 30~200℃ 정도로서 휘발성이 있는 액체상태의 석유 유분을 총칭한다.

③ 물리적 성질 : 일반적으로 상온 상압에서 증발하기 쉽고 현저한 인화성을 지니며 공기와 적당히 혼합되면 폭발성 혼합가스가 되어 위험하다.

④ 휘발유(gasoline)는 일반적으로 자동차용, 항공용, 공업용-자동차용 휘

발유는 모두 무연 휘발유이며, 옥탄가(RON)에 따라 고급 휘발유(1호=96 이상)와 보통 휘발유(2호=89 이상)로 구분한다.

⑤ 무연 휘발유는 알킬납 대신에 MTBE와 같은 옥탄가 첨가제를 사용하거나 접촉 개질장치에서 만들어지는 개질 나프타 등을 활용하여 옥탄가를 높인 휘발유로서 대기오염을 막는 저공해 연료로 사용되고 있으며 1993년 1월 1일부터 인체에 해로운 유연 휘발유는 점차 사라지고 있다.

⑥ 1995년 11월부터는 무연 휘발유를 이원화하여 옥탄가 91 이상 96 미만의 보통 휘발유와 옥탄가 96 이상의 고급 휘발유로 구분하여 공급하고 있다.

⑦ 소비자의 식별을 용이하게 하기 위하여 보통 휘발유는 노란색, 고급 휘발유에는 녹색으로 착색하고 있다.

⑧ 항공용 휘발유는 프로펠러를 가진 경비행기의 연료로 사용되며 프로펠러 비행기의 항공 피스톤 엔진도 자동차의 휘발유 엔진과 같은 전기점화식인 4사이클링 엔진이므로 품질도 자동차용 휘발유와 대부분 공통적이나 항공기의 경우 운행조건이나 환경이 다르고 추락 등 사고발생의 위험성이 크기 때문에 품질을 엄격하게 규정하고 있다.

읽을 거리 : 옥탄가

가솔린 엔진에는 노킹(knocking)이라고 하는 이상연소 현상이 있는데 운전중인 엔진 내에서는 가솔린과 공기를 적당비율로 혼합되어 연소에 의해 동력을 발생시킨다. 혼합기를 연소시키는 시발점은 전기 스파크에 의한 점화이다. 그러나 엔진의 온도가 높아질 경우 피스톤에 의해 압축된 혼합기의 온도도 올라가서 전기 스파크가 발생하기도 전에 스스로 연소되는 현상이 일어나는데 이 현상을 자기착화(selfignition) 또는 자발화(autoignition)라고 하며, 이런 현상이 발생할 경우 미처 상사점까지 도달하지 못한 피스톤 상부에 연소에 의한 압력이 힘으로 가해져서 엔진의 순조로운 움직임을 방해하고 마치 망치로 쇠를 두드리는 듯한 소리가 발생하는데 이를 노킹현상이라 한다.

물론 혼합기가 연소가 되는 시간도 노킹에 영향을 미치지만 자기착화 온도가 높은 가솔린 연료는 노킹이 적다. 온도가 올라가도 전기 스파크가 없으면 연소가 이루어지지 않는 것이 좋은 가솔린 연료가 갖추어야 할 조건이다.

옥탄(octane)은 원래 탄소가 8개로 이루어져 있다. $CH_3(CH_2)_6CH_3$

옥탄가가 높아서 노킹이 줄어들면 엔진의 이상연소 현상으로 가솔린이 연소는 될지라도 그 연소된 열량이 모두 동력으로 변환되지 못하고 일부는 오히려 엔진의 회전을 방해하는 힘으로 작용되며, 같은 거리를 운전할지라도 옥탄가가 낮은 연료는 소비량이 커지며 엔진의 출력은 떨어지고 정상적인 연소를 방해하므로 유해 배기가스의 함량이 높아진다.

⑨ 공업용 휘발유는 용제로 사용되는데 유지, 드라이크리닝용, 고무공업용, 도료용, 세척용 등으로 널리 사용된다.

(2) 등 유

① 등유(kerosene)는 휘발유에 이어 유출되는 유분이며 석유제품 중 가장 오래 전부터 사용되어 온 것으로 흔히 일반가정 스토브에 사용하는 석유를 말한다.

② 자동차가 발명되기 전에는 흔히 석유가 등유로 쓰였는데, 그 때문에 석유라고 하면 등유를 가리키는 것이 일반화되었고, 지금은 가정난방 연료로써 가장 많이 쓰인다.

③ 최근에는 수급상의 문제로 보일러에 사용되는 등유의 수요를 줄이기 위해 실내 등유와 보일러용 등유로 나누어 공급하고 있다.

④ 실내 등유는 주로 가정에서 사용하는 팬히터, 스토브, 온풍기 등 가정난방용 연료로서 실내에서 사용이 적합하도록 유황함량이 매우 낮고 색상이 맑은 것이 특징이다.

(3) 보일러 등유

① 만성적인 수급불안정 해소, 무역수지 개선 및 경유를 난방유로 사용하는 소비자가 교통세를 납부하는 조세 형평의 문제를 해소하기 위해 1998년 8월 1일부터 신설된 제품이다.

② 보일러 등유(heating oil, 난방유)는 등유와 경유의 중간 유종으로서 가정용 보일러, 상업용 및 건물용 보일러 중소산업용 보일러 등에 적합한 유종으로서 혹한 시 저온에서 성능을 높이기 위해 겨울철 유동점을 현행 경유의 영하 12.5℃에서 영하 15℃로 낮추어 일반가정에서 사용할 때에도 연소불량 또는 냄새에 따른 문제점을 줄여 에너지 효율이 높아 절약효과를 거둘 수 있으나, 겨울철 기온이 낮은 지역은 연료탱크를 가급적 실내에 설치하는 등의 보온조치가 필요하다.

(4) 경 유

경유(diesel oil / gas oil)는 등유 다음으로 유출되는 유종으로, 원래는 휘발유나 등유보다 용도가 적어서 가격이 낮아 경유를 분해한 가스를 첨가시켜서 도시가스의 열량을 높이는 데 사용하였기 때문에 가스 오일이라는 별칭이 붙게 되었다. 그러나 현재는 디젤 엔진의 발명으로 대부분(약 80%) 고속 디젤 엔진의 연료로 쓰이고 있어 디젤 오일이라고 한다.

(5) 항공유

1) JA-1(Jet A-1 민간여객기용)

항공유(jet fuel)는 가스터빈을 부착한 항공기가 사용하는 연료이다. 제트 연료유는 영국에서 제트엔진이 실용화된 초기에 보통 등유가 사용되었다. 이것은 엔진의 구조상 특히 높은 휘발성을 필요로 하지 않고, 안티 녹크성도 고려할 필요가 없으며, 고공에서 저압, 저온이 되기 때문에 증기폐쇄를 일으키기 어렵고 응고되지 않는 점 때문에 등유 유분을 연료로 사용하게 된 것이다.

2) 항공터빈연료(제트 연료)

항공터빈연료(제트 연료)에 요구되는 특성으로는 연소성이 좋고, 발열량이 크고, 저온특성이 좋고, 휘발성이 적당하고, 이물질이 섞이지 않은 것 등이 있다. 그 밖에 큰 이유는 등유의 시장성과 비교적 품질이 안정되었으며, 비교적 싼 값으로 양적으로도 쉽게 구할 수 있기 때문이다.

미국의 민간항공업계에서는 처음부터 영국을 따라 등유형인 제트 연료유를 많이 사용하고 있으며 현재도 이런 경향은 계속되고 있다. 우리나라에서는 항공기의 대부분이 미국산이며, 민간항공기는 엔진에 따라 다르나 JET A-1이 사용되고 있다.

3) JP-8(군용)

미국이 최초로 사용한 제트 연료유는 미국군용규격인 MIL-F-5616에 규정된 JP-1이라는 것인데, 이는 고도로 정제된 등유 유분으로 특히 석출점을 −60℃ 이하인 저온으로 규정한 것이었다.

그러나 JP-1은 비점 범위가 높아 원유로부터 수율이 적어 충분히 공급할 수가 없었기 때문에 이에 대신할 JP-3이 생산되었다. 이는 휘발유와 등유 유분을 합한 비점범위를 갖고 있으며, 더욱이 리이드 증기압이 항공 휘발유와 같은 정도로써 이른바 휘발유형으로 불린다.

그러나 이것도 제트기가 급상승할 때와 고공비행 시에 증기압이 높아지는 결점을 가지고 있어 저증기압 휘발유형인 JP-4가 만들어졌다. 현재에는 다시 미군의 연료정책 전환에 따라 제트 연료유를 민간항공기용 연료유인 JET A-1과 유사한 JP-8로 대체 사용중이며 JP-4에 비해 상당히 안정적이다.

휘발성이 좋은 제트 연료유는 연소성이 양호하며 엔진의 시동성도 양호하고 엔진이 정지될 위험성이 적다고 할 수 있으나, 증발손실과 증기폐쇄 또는 인화폭발위험성 등의 면에서는 불리하다. 따라서 제트기 성질에 따라 적당한 것을 선택하게 되며 또 제트 엔진도 이런 형식이 되고 있다.

제트기는 고공을 비행하므로 제트 연료유는 영하 수십도의 저온에 노출되어 저온에서의 점도나 석출점이 문제된다. 이 같은 저온상태에서 엔진의 연료계통 내 연료흐름이 지장을 받는다면 제트 연료유로는 부적당하다.

(6) 벙커C유

① B-C유(Bunker-C oil)는 석유제품 중 가장 많이 유출되며 그 수율은 40에 이른다.

② B-C유는 나프타 유분에서 경질유를 제거한 유출유와 상압 잔사유의 혼합물이나, 상압 잔사유 그 자체를 말한다.

③ B-C유는 증류 잔사유을 주성분으로 하고 경유, 감압 유출유 등과 혼합된 석유제품으로 화학적인 정제는 하지 않으므로 유석유제품 중 품질면에서 저급하다.

④ B-C유는 재가공하면 윤활유, 아스팔트, 석유 코크스 등을 만들 수 있다.

⑤ 석탄의 발열량이 5,000∼7,000kcal/kg인데 비해 중유는 10,000∼11,000kcal/kg으로 발열량이 높으며, 열손실이 적고, 연소의 조절이 용이하며 점화 및 소화가 간편하여 열의 이용도가 높다.

⑥ B-C유는 디젤 엔진의 동력원, 보일러 연료 등의 열원으로 사용되고 가

스화, 나프타화, 코크스화 등 2차 가공을 거쳐 여러 분야에서 이용되고 있다.

(7) 나프타

① 나프타(naphtha)는 휘발유와 비슷한 성분으로 석유화학공업의 기초 원료가 되며, 미국에서는 정제되지 않은 휘발유란 의미로도 사용된다.

② 나프타는 원유를 증류할 때 LPG와 등유 유분 사이에 유출되는 것으로 일반적으로 경질 나프타와 중질 나프타로 구분하나, 불특정 다수의 소비자에게 적용되는 유종이 아니란 점 때문에 KS규격 및 석유 사업법상의 품질규격은 없다.

③ 나프타의 용도는 연료용과 원료용으로 나누는데, 연료용은 휘발유, 제트유 등의 제조원료로 쓰이며, 원료용은 주로 석유화학공업용으로 사용되며, 일부가 암모니아 비료용 및 용제용 원료로 사용된다.

④ 나프타를 원료로 하여 에틸렌, 프로필렌, 부타디엔, 벤젠, 톨루엔, 크실렌 등을 생산하고 이를 기초로 다시 농업용 필름, 인쇄잉크, 합성고무, 합성섬유, 합성수지, 염료, 의약품 등 광범위한 분야의 제품을 만들어 낸다.

(8) 아스팔트

① 아스팔트(asphalt)는 도로포장용이나 건축재료로 이용되는 석유제품으로 널리 알려져 있다. 아스팔트는 천연적으로 산출되는 천연 아스팔트와 원유에서 제조되는 석유 아스팔트가 있다.

② 석유 아스팔트는 감압 증류라는 공정의 잔류물로서 원유에 포함되어 있는 성분 검은색의 접착성이 강한 고형 물질인데 가열하면 연하게 되어 유동질 상태로 된다.

③ 아스팔트는 감압 증류된 잔유를 원료로 하여 제조되는 것이 일반적이며 이것을 직류 아스팔트라고 하며 주로 도로포장용으로 사용된다. 직류 아스팔트에 가열한 공기를 불어넣어 산화시킨 것을 블로운 아스팔트라고 하며, 이것은 주로 방수·방습공사, 루핑, 전기절연 재료 등으로 이용되

고 아스팔트에 등유 등의 경질유를 섞어서 물과 유화시킨 아스팔트유제는 도로의 간이포장에 쓰인다.

(9) 윤활유

① 윤활유(lubricating oil)란 기계의 활동 부분에 윤활을 위해 사용되는 액체상의 기름이며, 액체상의 윤활유에 비하여 상온에서 반고체상태의 그리스와 고체 분말상태의 흑연 및 2황화몰리브덴과 같은 윤활성을 갖는 모든 물질을 총칭하여 윤활제라고 한다.

② 윤활유를 윤활제로 사용하는 기본 목적은 기계 마찰 부분의 고체 마찰을 유체 마찰로 바꾸어 고체 마찰에 의한 기계적 저항을 감소시킴으로써 타서 눌어붙는 현상이나 마모를 줄이는 데 있다.

(10) 액화석유가스

① 액화석유가스(Liquefied Petroleum Gas : LPG)는 프로판, 부탄 등을 주성분으로 하는 혼합물이다.

② LPG는 주로 원유를 정제할 때 발생하는 부생 가스와 천연산 혼합 가스에서 제조되지만 석유화학공업의 여러 공정 중에서도 만들어진다. LPG는 다른 연료에 비해 수송이 용이하고 취급이 편리하며 열량이 높기 때문에 그 용도가 다양하다. LPG는 주로 취사용, 난방용으로 쓰이며, 이밖에 도시가스 원료, 금속공업, 잠업, 도장공업, 섬유공업, 화학공업 등 공업 용도에 쓰인다.

③ 건조, 가열 등의 농업용과 자동차 연료로도 쓰이며, 수송용으로 사용되는 LPG는 부탄가스이고, 철제 용기에 들어 있는 LPG는 프로판 가스이다.

〈표 2-4〉 석유 제품유의 종류

구분		액체비중	기체비중	인화점 (℃)	비점 (℃)	자연발화점 (℃)	증기압 kg/cm^2@20℃	연소범위 (%)
무연가솔린		0.7~0.8	3~4	-43	39~204	280~456	0.56~0.77	1.2~7.1
유연가솔린		0.8958	3~4	-43	39~204	280~457	0.56~0.78	1.3~6.0
나프타		0.69	〉3.2	〈-7	38~138	282	150mmHg @20℃	1.0~7.0
제트오일(A-1)		0.75~0.81	〉1	43~65	149~288	230	0.1mmHg @20℃	0.6~3.7
제트오일(JP-8)		0.7~0.82	4.5	〉38	149~289	230	0.1mmHg @20℃	0.7~5.0
등 유		0.8	4.5	〉38	151~301	210	5mmHg @20℃	0.79~5.0
경 유		〈0.86	4.5	53	150~380	〉500	1mmHg @20℃	0.7~5.0
MDO (박용경유)		0.85~ 0.89	〉1	69~99	282~338			1.3~6.0
벙커 C		〈0.991	〉6	〉66	212~588	〉407		1.0~6.0
벙커 A		0.82	〉1	60				1.3~6.0
용제	MEK	0.81	2.48	-6.7	79	불명		1.8~10.0
	메탄올	0.79	1.1	11	65	385		6.0~36.0
	벤젠	0.87	2.27	-11	80	583		1.3~7.1
	톨루엔	0.86	3.14	4	111	552		1.2~7.1
	자일렌	0.90	3.68	17	144	482		1.1~7.0

3. 케미컬 화물

(1) 석유 화학제품(Petrochemical Product)

석유 또는 천연가스를 원료의 일부 또는 전부로 하여 얻어지는 각종 화학제품-플라스틱류, 합성고무, 합성수지, 농화학품 및 세정제 산업의 기초 원료가 된다.

(2) 석탄 화학제품(Coaltar Product)

석탄 화학제품은 석탄을 원료로 하여 얻어지는 화학제품-석유계용제품이다.

(3) 당밀과 알콜류(Molasses and Alcohols)

사탕수수로 만든 Cane Molasses와 사탕무우로 만든 Beet Molasses이다.

(4) 식물유와 동물지방

다양한 종류의 식물 열매에서 추출하는 대두(soya been) 땅콩(ground nut), 면실(cotton seed), 해바라기(sunflower), 올리브(olive), 평지열매(rape seed), 참깨(seasame), 코코넛(coconut), 야자기름(oil palm), 아마인(linseed), 오동나무기름(tung oil) 등 식물유(vegetable oil)와 동물지방(animal fats)으로는 돼지기름, 소기름 및 양기름과 각종 어류 등이 있다.

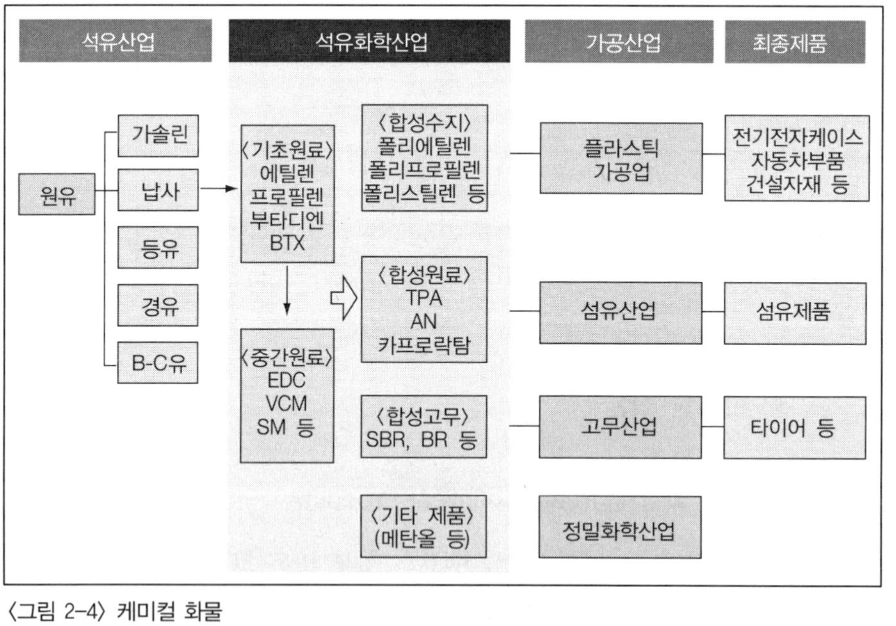

〈그림 2-4〉 케미컬 화물

(5) 중질 화학제품

대량생산 및 수송되어 모든 제조산업분야에 반드시 소요되는 물질을 의미하며, 주로 광물성 산과 같은 무기화학물질을 말하며 황산(sulphuric acid), 인산(phosphoric acid), 질산(nitrous acid), 가성소다(caustic soda), 암모니아(ammonia) 등 5가지가 있다.

(6) 초 산

Acetic Acid, 빙초산, CH_3COOH

1) 특 성

① 외관, 색, 냄새 : 특이한 신맛의 자극성 냄새, 무색 투명한 액체

② 응고점(융점) : 16.6℃

③ 비점 : 118.1℃

④ 인화점 : 43℃

⑤ 가연 및 폭발한계 : 5.4~16.0 체적비(vol.%)

⑥ 비중 : 1.05488

⑦ 반응성 : 안정약산

⑧ 부식성 : 금속과 반응하여 수용성 염기생성-합성수지, 고무는 장기간 접촉하면 부식을 일으킴

⑨ 용해성 : 물에 아주 잘 녹으며, 에탄올과 에테르에도 용해

2) 취급 시 주의사항

① 응고점이 높아 겨울철에는 동결을 방지하기 위해 가열한다.

② 흡습성이 크므로 대기와의 접촉을 피한다.

③ Stainless Hose를 사용한다.

④ 가스가 대기 중으로 나가지 않도록 하역중 해치를 닫는다.

⑤ 응고점 이하에서는 얼어서 용기를 파괴한다.

⑥ 보호장비 착용 및 물을 준비한다.

⑦ 화기를 엄금하고 환기를 잘한다.

⑧ 작업도중 및 종료 후에는 중조수로 양치질한다.

3) 응급처치

① 액체가 눈에 들어간 경우 : 흐르는 물로 충분히 씻고 안과의사의 치료를 받는다.

② 액체가 피부에 닿은 경우 : 물로 충분히 씻는다.

③ 증기를 흡수한 경우 : 즉시 신선한 공기가 있는 장소로 옮기고, 마신 경우에는 세정한다.

④ 누설의 경우 : 화기를 엄금하고 통풍환기를 충분히 행한다. 보호장구를 착용하고 누설개소를 막고 흡착제를 산포하여 쓸어낸 후 석회, 소다회 등을 뿌려 다량의 물로 씻는다.

(7) 벤 젠

UN 번호-1114, Benzene, C_6H_6

1) 특 성

① 외관, 색, 냄새 : 특이한 냄새를 가진 무색의 액체

② 응고점(융점) : 5.53℃

③ 비점 : 80.1℃

④ 인화점 : −11℃

⑤ 가연 및 폭발한계 : 1.4～8.0 체적비(vol.%)

⑥ 비중 : 0.8842

⑦ 반응성 : 산화제, 농질산과 위험한 반응

⑧ 부식성 : 없음

⑨ 용해성 : 허용농도 10ppm, 눈에 들어가면 격렬한 자극이 있고, 피부에 가벼운 자극이 있고, 흡입하면 두통, 현기증이 따르는 마취작용이 있으며, 만성적으로 흡입하면 축적되어 중추신경에 대한 마비작용을 일으킴

2) 취급 시 주의사항

① 증기를 불어 넣을 때는 특히 정전기에 유의한다.

② 응고점이 높으므로 응고에 주의한다.

③ 하역온도는 최저 15℃이다.

④ 보호장구로써 고무장갑, 유기가스용 방독마스크 혹은 자장식 호흡구이다.

⑤ 발화원에 주의하고 화기를 엄금한다.

3) 응급처치

① 액체가 눈에 들어간 경우 : 흐르는 물에 15분 이상 씻고 안과의사의 치료를 받는다.

② 액체가 피부에 닿은 경우 : 물로 충분히 씻는다.

③ 증기를 흡수한 경우 : 즉시 신선한 공기가 있는 장소로 옮기고 마신 경우에는 세정한다.

④ 누설의 경우 : 화기를 엄금하고 통풍환기를 충분히 행한다. 보호장구를 착용하고 누설개소를 막고 흡착제를 산포하여 쓸어낸 후 석회, 소다회 등을 뿌려 다량의 물로 씻는다.

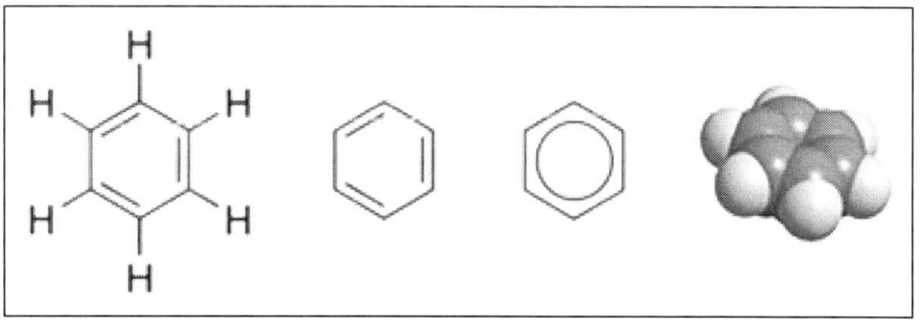

〈그림 2-5〉 벤젠의 구조

(8) 메탄올

UN 번호-1230, Methanol, Methyl Alcohol, CH_3OH

1) 특 성

① 외관, 색, 냄새 : 알콜 냄새를 가진 무색 투명한 액체

② 응고점(융점) : −97℃

③ 비점 : 64.6℃

④ 인화점 : 11℃

⑤ 가연 및 폭발한계 : 7.3∼36.0 체적비(vol.%)

⑥ 비중 : 0.7959

⑦ 반응성 : 빛에 안정-위험한 반응 없음

⑧ 부식성 : 납을 대기압에서 급속하게 부식시키며 알루미늄은 서서히 부식

⑨ 용해성 : 물에 아주 잘 녹으며 에탄올, 아세톤, 벤젠, 핵산에 용해

⑩ 유해성 : 허용농도 20ppm, 중독성이지만 증상이 나타나는 것이 늦고 가스 흡입에 의해 두통, 현기증, 구토, 설사, 복통, 마취 증상을 보임

2) 취급 시 주의사항

① 적부탱크가 아연계 코팅의 경우 세심한 청소가 필요하다.

② 스파크에 주의하고 흡입을 피한다.

③ 보호장구로써 보호마스크, 고무장갑, 고농도의 장소에서는 유기가스용 방독마스크 혹은 자장식 호흡구이다.

3) 응급처치

① 액체가 눈에 들어간 경우 : 흐르는 물에 15분 이상 씻고 안과의사의 치료를 받는다.

② 액체가 피부에 닿은 경우 : 물로 충분히 씻는다.

③ 증기를 흡수한 경우 : 즉시 신선한 공기가 있는 장소로 옮긴다.

④ 누설의 경우 : 화기를 엄금하고 통풍환기를 충분히 행한다. 보호장구를 착용하고 누설개소를 막고 다량의 물로 씻는다.

(9) 톨루엔

UN 번호-1294, Toluene, $C_6H_5CH_3$

1) 특 성

① 외관, 색, 냄새 : 방향족 냄새를 가진 무색 투명한 액체

② 응고점(융점) : −95℃

③ 비점 : 110.6℃

④ 인화점 : 4℃

⑤ 가연 및 폭발한계 : 1.3~7.0 체적비(vol.%)

⑥ 비중 : 0.8716

⑦ 반응성 : 산화제, 진한 질산과 위험한 반응을 하지만 다른 물질에 대해서는 안정

⑧ 부식성 : 없음

⑨ 용해성 : 25℃ 물에 0.006wt.% 정도로 녹으며 에탄올, 아세톤, 벤젠, 핵산에 용해

⑩ 유해성 : 허용농도 100ppm, 눈과 피부를 자극하고 탈지작용이 있다. 흡입하면 심한 피로감, 정신착란, 현기증, 두통에 이어서 마취작용이 있고, 대량으로 흡입하면 호흡기관의 마비에 의해서 사망에 이른다.

2) 취급 시 주의사항

① 정전기가 발생하기 쉬우므로 연소 및 폭발에 주의한다.

② 스파크에 주의하고 화기를 엄금한다.

③ 보호장구로써 보호마스크, 고무장갑, 고농도의 장소에서는 유기가스용 방독마스크 혹은 자장식 호흡구이다.

3) 응급처치

① 액체가 눈에 들어간 경우 : 흐르는 물에 15분 이상 씻고 안과의사의 치료

② 액체가 피부에 닿은 경우 : 다량의 물 또는 비눗물로 씻는다.

③ 증기를 흡수한 경우 : 즉시 신선한 공기가 있는 장소로 옮기고 마신 경우에는 세정한다.

④ 누설의 경우 : 화기를 엄금하고 통풍환기를 충분히 행한다. 보호장구를 착용하고 누설개소를 막고 흡착제를 산포하여 쓸어낸 후 계면활성제를 뿌리고 다량의 물로 씻는다.

(10) M-자이렌

UN 번호-1307, Mixed-Xylene, $C_6H_4(CH_3)_2$)

1) 특 성

① 외관, 색, 냄새 : 방향족(벤젠) 냄새를 가진 무색 투명한 액체

② 응고점(융점) : −48.9℃

③ 비점 : 139.3℃

④ 인화점 : 25℃

⑤ 가연 및 폭발한계 : 1.1~7.0 체적비(vol.%)

⑥ 비중 : 0.8684

⑦ 반응성 : 산화제, 진한질산과 위험한 반응을 하지만 다른 물질에 대해서는 안정

⑧ 부식성 : 없음

⑨ 용해성 : 25℃ 물에 0.02wt.% 정도로 녹으며 에탄올, 아세톤, 벤젠, 핵산에 용해

⑩ 유해성 : 허용농도 100ppm, 눈과 피부를 자극하고 탈지작용이 있다. 고농도의 가스를 흡입하면 현기증, 두통, 불쾌감 등이 생기고 흥분상태를 거쳐서 마취상태가 되며 사망에 이르는 일도 있다. 피부로도 약간 흡수된다.

2) 취급 시 주의사항

① 정전기가 발생하기 쉬우므로 연소 및 폭발에 주의한다.

② 스파크에 주의하고 화기를 엄금한다.

③ 보호장구로써 보호마스크, 고무장갑 혹은 유기가스용 방독마스크 혹은 자장식 호흡구이다.

3) 응급처치

① 액체가 눈에 들어간 경우 : 흐르는 물에 15분 이상 씻고 안과의사의 치료

② 액체가 피부에 닿은 경우 : 다량의 물 또는 비눗물로 씻는다.

③ 증기를 흡수한 경우 : 즉시 신선한 공기가 있는 장소로 옮기고 마신 경우

에는 세정한다.

④ 누설의 경우 : 화기를 엄금하고 통풍환기를 충분히 행한다. 보호장구를 착용하고 누설개소를 막고 흡착제를 산포하여 쓸어낸 후 계면활성제를 뿌리고 다량의 물로 씻는다.

4. 액화가스 화물

(1) 포화탄화수소 화물

① 포화탄화수소 : 메탄(methane), 에탄(ethane), 프로판(propane), 부탄(butane)이다.

② LPG(Liquefied Petroleum Gas : 액화석유가스) : 프로판과 부탄으로 구성된다.

③ LNG(Liquefied Natural Gas : 액화천연가스) : 메탄이 주성분이다.

④ 포화탄화수소 화물 : 가연성, 연소하여 이산화탄소와 수증기를 방출한다.

⑤ 반응성 : 화학적으로 반응성이 없기 때문에 취급에 사용되는 보통의 물질과 화학적인 적합성 문제는 존재하지 않고, 습기가 있으면 얼음이나 수화물(hydrate)을 형성하여 스트레이너, 필터, 펌프 등을 폐쇄한다.

(2) 불포화탄화수소 화물

① 불포화탄화수소 : 에틸렌(ethylene), 프로필렌(propylene), 부틸렌(butylene), 부타디엔(butadiene), 이소프렌(isoprene) 등이 있다.

② 특색 있는 냄새를 가지며 무색이다.

③ 포화탄화수소와 연소시 이산화탄소와 수증기를 방출한다.

④ 포화탄화수소 화물 : 가연성, 연소하여 이산화탄소와 수증기를 방출한다.

⑤ 반응성 : 에틸렌, 프로필렌, 부틸렌은 화학적으로 반응성이 없지만 부타디엔과 이소프렌은 화학적인 반응성이 있다.

(3) 화학가스 화물

① 화학가스 : 암모니아(ammonia), 염화비닐(VCM, Vinyl Chloride Monomer), 에틸렌 옥사이드(ethylene oxide), 프로필렌 옥사이드(propylene oxide) 등이 있다.

② 에틸렌 옥사이드와 프로필렌 옥사이드는 독특한 냄새를 가진 무색의 액체이며 가연성, 독성, 강한 반응성을 가진다.

③ 모두가 중합반응을 하며 암모니아와 위험하게 반응한다.

(4) 허용기준

허용기준(Threshold Limit Value : TLV)은 정상적인 사람이 1일에 8시간, 1주에 40시간을 계속 노출되어도 인체에 지장이 없는 가스의 농도를 의미한다.

〈표 2-5〉 주요 액화가스의 성상 1

		Methane	Ammonia	Nitrogen	Ethylene	Ethane	Methanol
분자식		CH_4	NH_3	N_2	C_2H_6	C_2H_4	CH_4O
분자량		16.04	17.03	28.01	28.05	30.1	32.01
비점(℃)		−161.5	−33.4	−195.8	−104	−88.6	64.6
액체비중		0.42@B.P.	0.68@B.P.	0.81@B.P.	0.57@B.P.	0.45@0℃	0.796@15/15℃
기체밀도		0.554	0.6	0.967	0.975	1.04	1.1
인화점(℃)		−175	−57	비가연성	−150	−125	10
연소범위(vol.%)		5.3∼14	16∼25	비가연성	3∼32	3.1∼12.5	6∼36.5
자연발화점		595℃	615℃	비가연성	453℃	510℃	470℃
증기압(kg/cm^2)		199@20℃	8.8@20℃	9@170℃	49.2@20℃	38.7@20℃	
TLV(ppm)		1,000	25	1,000	1,000	1,000	200
주요 위험		인화성	독성	동상	인화성	인화성 독성	인화성
운송 방식	압력식		0				0
	반압력		0			0	0
	냉동식	0	0	0	0	0	0

〈표 2-6〉 주요 액화가스의 성상 2

		Propylene	Propane	Butadiene	Buthylene	N-butane	V.C.M
분자식		C_3H_6	C_3H_8	C_4H_6	C_4H_8	C_4H_{10}	C_2H_3CL
분자량		42.08	44.1	54.1	56	58.12	62.5
비점(℃)		−47.4	−42.8	−4.5	−0.5	−0.5	−13.8
액체비중		0.514@20℃	0.503@20℃	0.627@B.P.	0.576@20℃	0.42@20℃	0.42@20℃
기체밀도		1.48	1.55	1.88	2.01	2.01	2.15
인화점(℃)		−108	−105	−60	−35	−35	−78
연소범위(vol.%)		2∼11.1	2.1∼9.5	2∼12.6	1.5∼9	1.5∼9	4∼33
자연발화점		458℃	468℃	418℃	430℃	430℃	472℃
증기압(kg/cm²)		13.2@20℃	8@20℃	0.17@20℃	2.17@20℃	2.17@20℃	3.1@20℃
TLV(ppm)		1,000	1,000	1,000	600	600	1∼10
주요 위험		인화성	인화성	인화성	인화성	인화성	인화성 독성
운송 방식	압력식	0	0	0	0	0	0
	반압력	0	0	0	0	0	0
	냉동식	0	0	0	0	0	0

(5) 암모니아

무수 암모니아, 암모니아 가스, 액화 암모니아, 액체 암모니아, NH_3, UN 번호-1005, 알칼리 가스

1) 특 성

① 외관 : 무색의 액체 무색/짙은 백색의 증기(공기보다 무거운 증기 구름이 액체의 누설에 의해 형성되는 일이 있다.

② 냄새 : 질식성의 자극적인 냄새

③ 주요 위험 : 유독성

2) 응급처치

① 화재 : 가스공급정지, 소화작업원은 호흡구와 보호복 착용. 분말소화제, 할론 또는 탄산가스에 의해 소화. 증발이 증가할 위험이 있으므로 연소하고 있는 암모니아 직접 살수하여서는 안되지만 주위를 살수하면 증기농도를

감소시켜 주위를 냉각할 수 있다.

② 액체가 눈에 들어간 경우 : 즉시 청결한 청수/해수 혹은 2.5%의 붕산수로 신중하게 눈을 세정하고 필요하면 눈을 뜬 채로 적어도 30분 간 세정을 계속. 가능한 빨리 의사의 진단을 받는다.

③ 액체가 피부에 접촉한 경우 : 즉시 오염된 의복을 벗는다. 액체가 닿은 부분의 세정을 적어도 15분 간 계속하고 나서 습포(2.5%의 붕산수)하며, 기름이나 연고는 사용하지 않는다. 동상에 걸린 부분이 완화될 때까지 온수에 담근다. 가능한 빨리 의사의 진단을 받는다.

④ 증기를 흡입한 경우 : 즉시 환자를 신선한 공기가 있는 장소로 옮기고 오염된 의복을 벗긴다. 환자를 안정시키고 모포와 온수병으로 따뜻하게 한다. 의식이 있고 입에 화상이 없는 경우에는 뜨거운 차를 마시게 한다. 산소를 호흡하게 한다. 호흡이 멈추거나 약하거나 불규칙하게 되는 경우는 인공호흡을 실시한다. 가능한 빨리 의사의 진단을 받는다.

⑤ 누설 : 유출을 멈추고 액이나 증기와의 접촉을 피한다. 발화원을 단절한다. 긴급반은 호흡구 및 보호복을 착용한다. 나머지 사람들은 안전한 장소에 피난한다. 대량의 물로 씻어내며 취성파괴를 방지한다. 대량 누설의 경우는 항만당국에 통보한다.

3) 물리적 특성

비점(표준대기압)	−33.4℃	상대 증기밀도	0.6
증기압력 (kg/cm²(A))	17.6@45℃	분자량	17.03
열팽창계수	0.0028/℃ @℃	액밀도(g/cm³)	0.681 @−34℃

4) 화재 및 폭발 정보

① 인화점 : 약 −57℃, 발화점 : 615℃, 연소범위 : 16~25%

② 암모니아는 연소하지만 착화에너지가 상당히 높아(프로판의 600배) 연소열이 낮으므로 실제로는 비인화성으로 취급한다.

5) 인체에 대한 영향

① 허용농도 : 25ppm

② 20~25ppm : 냄새를 맡을 수 있다.

③ 2,000ppm : 호흡곤란, 30분 내 치사한다.

④ 6,000ppm : 수분 내 치사한다.

⑤ 10,000ppm : 보호되지 않는 피부는 견딜 수 없다.

⑥ 액체의 영향 : 심한 화학적 화상, 소량이라도 눈에 들어가면 영구적으로 손상된다. 액체는 피부를 통하여 쉽게 흡수되는 일은 없으나 접촉하면 화학적 화상 및 동상이 걸리고 동상부분이 하얗게 된다.

⑦ 증기의 영향 : 눈, 피부 및 호흡기 자극. 신체의 노출부에 화상을 느끼며 발작적인 기침이 나온다. 고농도는 심장의 작동에 영향 및 반사작용에 의해 호흡정지가 된다. 만성작용은 호흡기의 자극으로 폐에 영구적 손상을 일으키는 일이 있으나 환자는 보통 완치된다.

6) 반응성 정보

① 공기 : 위험한 반응은 없다.

② 물(해수 또는 청수) : 급속히 용해하여 발열하고 수산화암모늄을 생성한다. 물은 약 200배의 암모니아를 용해한다.

③ 기타의 액체 혹은 가스 : 아세트알데히드, 염소, 에틸렌옥사이드, 프로필렌옥사이드, 이산화황과 위험한 반응을 한다.

(6) 액화석유가스

LPG, 부탄 : C_4H_{10}(UN 번호-1011), C_3H_8(UN 번호-1978))

1) 특 성

① 외관 : 무색

② 냄새 : 무취

③ 주요 위험 : 인화성

2) 응급처치

① 화재 : 가스공급정지, 분말소화제, 할론 또는 탄산가스에 의해 소화. 주위를 물분무에 의해 냉각한다.

② 액체가 눈에 들어간 경우 : 즉시 청결한 청수/해수로 눈을 세정한다. 필요하면 눈을 뜬 채로 적어도 15분 간 세정을 계속해야 한다.

③ 액체가 피부에 접촉한 경우 : 환자를 신중하게 취급하고, 즉시 오염된 의복을 벗긴다. 동상에 걸린 부분이 완화될 때까지 온수에 담그고 가능한 빨리 의사의 진단을 받는다.

④ 증기를 흡입한 경우 : 즉시 환자를 신선한 공기가 있는 장소로 옮긴다. 호흡이 멈추거나 약하거나 불규칙하게 되는 경우는 인공호흡을 실시한다.

⑤ 누설 : 유출을 멈추고 발화원을 차단하고, 액이나 증기와의 접촉을 피한다. 발화원을 단절한다. 대량의 물로 씻어내며 취성파괴를 방지한다. 대량 누설의 경우는 항만당국에 통보한다.

3) 물리적 특성

비점 (표준대기압)	부탄 : −0.5℃ 프로판 : −42.8℃	상대 증기밀도	부탄 : 2.01 프로판 : 1.52
증기압력 (kg/cm^2(A))	부탄 : 4.41@45℃ 프로판 : 15.4@45℃	분자량	부탄 : 58.12 프로판 : 44.10
열팽창계수	부탄 : 0.002/℃@45℃ 프로판 : 0.003/℃@15℃	액밀도(g/cm^3)	부탄 : 0.601/℃@0.5℃ 프로판 : 0.583/℃@−42℃

4) 화재 및 폭발 정보

① 인화점 : 약 −35℃(부탄), −105℃(프로판)

② 발화점 : 약 430℃(부탄), 468℃(프로판)

③ 연소범위 1.5~9.0%(부탄), 2.1~9.5%(프로판)

5) 인체에 대한 영향

① 허용농도 : 600ppm(부탄), 1,000ppm(프로판)

② 액체의 영향

- 부탄 : 피부 및 눈에 동상. 섭취하면 가벼운 정도의 전신작용
- 프로판 : 저온으로 눈이나 피부조직이 손상된다.

③ 증기의 영향

- 부탄 : 고농도에서는 질식, 두통, 눈 아픔, 졸림, 마취성 동상 야기
- 프로판 : 저온으로 눈이나 피부조직 손상. 질식, 두통, 현기증, 졸음

6) 반응성 정보

① 공기 : 위험한 반응은 없다.

② 물(해수 또는 청수) : 위험한 반응은 없다. 얼음이나 수화물 형성, 물에 불용이다.

③ 기타의 액체 혹은 가스 : 염소와 위험한 반응을 한다.

(7) 액화천연가스

LNG, 탄광 내 폭발 가스, 메탄(CH_4(UN 번호-2043))

1) 특 성

① 외관 : 무색

② 냄새 : 무취

③ 주요 위험 : 인화성

2) 응급처치

① 화재 : 가스공급정지. 분말소화제, 할론 또는 탄산가스에 의해 소화. 주위를 물분무에 의해 냉각한다.

② 액체가 눈에 들어간 경우 : 즉시 청결한 청수/해수로 눈을 세정. 필요하면 눈을 뜬 채로 적어도 15분 간 세정을 계속한다.

③ 액체가 피부에 접촉한 경우 : 환자를 신중하게 취급하고, 즉시 오염된 의복을 벗긴다. 동상에 걸린 부분이 완화될 때까지 온수에 담근다. 가능한 빨리 의사의 진단을 받는다.

④ 증기를 흡입한 경우 : 즉시 환자를 신선한 공기가 있는 장소로 옮긴다. 호

흡이 멈추거나 약하거나 불규칙하게 되는 경우는 인공호흡을 실시한다.

⑤ 누설 : 유출을 멈추고 발화원을 차단하고, 액이나 증기와의 접촉을 피한다. 발화원을 단절한다. 대량의 물로 씻어내며 취성파괴를 방지한다. 대량 누설의 경우는 항만당국에 통보한다.

3) 물리적 특성

비점(표준대기압)	－161.5℃	상대 증기밀도	0.554
증기압력(kg/cm^2(A))	41.3@－86℃	분자량	16.04
열팽창계수	부탄 : 0.0026/℃@165℃	액밀도(g/cm^3)	0.42

4) 화재 및 폭발 정보

① 인화점 : 약 －175℃

② 발화점 : 약 595℃

③ 연소범위 : 5.3～14.0

5) 인체에 대한 영향

① 허용농도 : 1,000ppm

② 액체의 영향 : 피부 및 눈에 동상이 야기된다.

③ 증기의 영향 : 질식, 두통, 눈 아픔, 졸림, 폐나 피부에 저온 손상을 일으키며 만성작용은 불명하다.

6) 반응성 정보

① 공기 : 반응이 없다.

② 물(해수 또는 청수) : 위험한 반응은 없으나 얼음이나 수화물 형성하며 물에 불용이다.

③ 기타의 액체 혹은 가스 : 염소와 위험한 반응을 한다.

(8) 염화비닐

불포화지방족, 클로로에틸렌, C_2H_3CL(UN 번호-1086))

1) 특 성

① 외관 : 무색

② 냄새 : 무취

③ 주요 위험 : 인화성, 유독성

2) 응급처치

① 화재 : 가스공급정지, 소화 작업원은 호흡구와 보호구 착용한다. 분말소화제, 할론 또는 탄산가스에 의해 소화. 주위를 물분무에 의해 냉각된다.

② 액체가 눈에 들어간 경우 : 즉시 청결한 청수/해수로 눈을 세정하며 필요하면 눈을 뜬 채로 적어도 15분 간 세정을 계속한다.

③ 액체가 피부에 접촉한 경우 : 환자를 신중하게 취급하고, 즉시 오염된 의복을 벗긴다. 동상에 걸린 부분이 완화될 때까지 온수에 담근다. 가능한 빨리 의사의 진단을 받는다.

④ 증기를 흡입한 경우 : 즉시 환자를 신선한 공기가 있는 장소로 옮긴다. 호흡이 멈추거나 약하거나 불규칙하게 되는 경우는 인공호흡을 실시한다.

⑤ 누설 : 유출을 멈추고 발화원을 차단한다. 액이나 증기와의 접촉을 피한다. 발화원을 단절한다. 대량의 물로 씻어내며 취성파괴를 방지한다. 대량 누설의 경우는 항만당국에 통보한다.

3) 물리적 특성

비점(표준대기압)	−13.8℃	상대 증기밀도	2.15
증기압력(kg/cm^2(A))	1.39@45℃	분자량	62.5
열팽창계수	0.00175/℃@−15℃	액밀도(g/cm^3)	0.912@20℃

4) 화재 및 폭발 정보

① 인화점 : 약 −78℃

② 발화점 : 약 472℃

③ 연소범위 : 4~33%

5) 인체에 대한 영향

① 허용농도 : 1～10ppm

② 냄새감지한계 : 1～10ppm

③ 액체의 영향 : 피부 및 눈에 동상이나 상해 : 장시간 노출될 경우 간암을 일으킬 우려가 있다.

④ 증기의 영향 : 고농도에서 마취작용, 시각이 흐려지거나 집중력 상실, 마취, 다리에 화상을 입히거나 따끔따끔하게 한다. 신선한 공기 중에서는 급속하게 회복, 저농도에서 장시간 노출될 경우 간암을 일으킬 우려가 있다.

6) 반응성 정보

① 공기 : 산소, 열, 빛에 의해 중합체를 만든다.

② 물(해수 또는 청수) : 반응 없으며, 사실상 불용이다.

③ 기타의 액체 혹은 가스 : 염소와 위험한 반응을 한다.

03 화물의 특성 및 독성

1. 밀도, 비중량 및 비중

(1) 밀 도

물질의 양을 표시, 물질의 분자결합이 근접해 있을수록 크며 단위체적당 물질의 질량으로 측정한다.

$$밀도 = \frac{물질의\ 질량}{물질의\ 체적}(kg/cm^3)$$

(2) 비중량

단위체적당 물질의 중량이다.

$$비중량 = \frac{물질의\ 중량}{물질의\ 체적}(kgf/cm^3)$$

(3) 비 중

어떤 물질의 중량과 같은 체적의 물의 중량비 액체의 체적은 온도에 따라 변하므로 액체의 비중(Specify Gravity : SG)에는 그 온도를 나타낸다.

예를 들면 SG 15/4℃는 15℃에서의 물질의 중량과 동일 체적의 4℃의 순수한 물의 중량비를 의미하고, SG 60/60°F는 60°F의 물질의 중량과 동일체적의 60°F의 순수한 물의 중량비를 나타낸다.

(4) API 비중

1921년 미국석유협회(American Petroleum Institute : API)에 의해 만들어진 석유류의 비중표시법이고 API 비중도 60°F의 기준온도를 기본으로 한다.

$$API\ 비중 = \frac{141.5}{SG60°F} - 131.5$$

2. 온 도

(1) 화씨(Fahrenheit) 온도

1714년 독일인 Fahrenheit에 의해 제안된 온도표시법-얼음과 식염혼합물의 최저온도를 0°F, 물의 빙점을 32°F, 사람의 체온을 96°F이다.

(2) 섭씨(Celsius) 온도

1742년 스웨덴 Celsius에 의해 제안된 온도표시법-물의 빙점을 0℃, 물의 비점을 100℃로 정의했다.

$$T°\mathrm{F} = \frac{9}{5} \times (T℃ + 32)$$
$$T℃ = \frac{5}{9} \times (T°\mathrm{F} - 32)$$

(3) 점 도

기체와 같이 액체의 점성계수는 흐름에 대한 저항을 표시-액체의 인접층의 상대운동을 방해하는 성질, 간단히 운동에 대한 내부마찰 또는 내부저항, 온도가 액체의 점도에 미치는 영향이 매우 커 온도가 높아지면 점도는 현저히 감소한다.

(4) 압축과 팽창

1) 압 축

파스칼의 원리(정지 유체에 일부분을 가하면 이 유체의 다른 모든 부분에 동일한 압력이 미친다)는 기체와 액체 양쪽에 적용되지만 액체가 기체보다 훨씬 압축되기 힘들다. 액체는 고체와 같이 비압축성 물질로 취급 −0℃의 물에 500kgf/cm^{2}의 압력을 가해도 그 용적이 2~3%밖에 압축이 되지 않는다. 이러한 이유와 또 비부식성이기 때문에 석유는 원격 유압조정기에 가장 적합한 액체이다.

2) 팽창(열팽창)

기체에서의 열팽창 효과는 보일-샤를의 법칙에 의해 알려져 있다. 액체와 고체의 체적변화는 그 팽창계수가 기체에 비해 매우 작지만 온도에 비례한다. 체적팽창계수는 열을 가하여 온도 1℃를 상승시켰을 때 단위체적당 팽창비율을 말한다.

액체와 고체의 체적팽창계수는 큰 차이가 있어서 밀폐용기 내의 액체가 열팽창하게 되면 용기를 파손한다.

(5) 비열과 열전도

1) 열 량

온도가 다른 두 물체를 접촉시키면 고온 물체의 온도는 내려가고 저온 물체의 온도는 올라간다. 이것은 두 물체가 서로 열을 주고 받기 때문인데 이것을 열량이라 하고 단위로는 kcal가 사용된다.

2) 비 열

어떤 물질 1kg의 온도를 1℃ 높이는데 필요한 열량을 말하며 kcal/kg℃를 사용한다.

(6) 휘발성과 증기압

모든 원유와 보통의 석유제품은 근본적으로 유화수소를 포함하여 광범위한 탄화수소 화합물이 혼합된다. 이들 화합물의 비점은 −161℃로부터 400℃를 넘는 범위에 걸쳐 있고, 특정한 화합물의 혼합체에서의 휘발성은 주로 그것을 구성하는 저비등점의 메탄, 에탄, 프로판, 부탄과 같은 탄화수소의 양에 의하며 보통 이들은 대기압 하에서 가스 상태로 존재한다.

휘발성은 증기압에 의해 측정하고 석유 화합물이 가스 프리 탱크 혹은 용기 내로 이송되면 기화가 시작되어 Ullage 공간에 가스가 발생한다.

그러나 이 기체는 액체에 다시 용해되는 경향도 있고, Ullage 공간 전체에 균등하게 배분되어 일정한 가스압에 달하여 균형을 이루고, 이 가스에 의해 생긴 압력은 액체의 포화 증기압 또는 증기압이다.

순수 화합물의 증기압은 온도에 의해서만 영향을 받는다. 혼합물의 증기압은 기화가 이루어지는 가스 공간의 체적과 혼합물의 온도에 의해 결정된다. 가스의 액체에 대한 용적비에 의한다.

(7) 비점, 응고점 및 유동점

1) 비 점

액체가 기화에 의해 기체로 변하는 온도이며 대기압과 액체의 포화증기압이 평형을 이루는 온도로 대기압에 따라 다르며, 대기압이 높아지면 비점도 높아지고, 대기압이 낮아지면 비점도 낮아진다. 액체의 비점은 보통 표준대기압(760mmHg)하에서 측정한다.

2) 응고점과 유동점

순수한 물질은 냉각에 의해 일정한 응고점을 가지지만 석유는 여러 종류의 탄화수소로 이루어져 있어서 일정한 응고점을 결정하기가 어렵다. 이러한 이유로 석유산업에서는 석유의 응고점보다는 유동점을 더 많이 사용한다.

유동점이란 석유가 유동성을 완전히 잃었을 때의 온도보다 5°F 높은 온도를 말한다. 석유를 이루는 탄화수소는 대략적으로 나프텐계 탄화수소(분류공정 후의 주된 잔유물이 아스팔트)와 파라핀계 탄화수소(분류공정 후의 잔유물이 왁스)로 분류한다. 파라핀계 탄화수소의 유동점이 나프텐계 탄화수소보다 높으며, 이는 왁스성분을 포함하기 때문이다.

석유 내의 왁스 성분은 석유의 온도가 유동점 근처일 때 망상조직을 발달시켜 쉽게 결정체를 만들기 때문이다. 그러나 유동점 이상의 온도에서는 점성을 갖지 않는다.

(8) 표면장력

모든 액체는 액체분자 간의 인력에 의하여 표면적을 최소화하려는 경향이 있다. 따라서 액체표면에는 일종의 장력이 발생하게 되는데 이를 말한다.

(9) 연소와 폭발

연소란 가연성 물질이 산소와 화학적으로 연속적인 결합을 함으로써 열 혹은 빛 혹은 열과 빛을 발생시키는 것이다.

연소형태는 가연성 물질, 즉 고체, 액체, 기체에 따라서 산소와의 혼합률, 혼합방법에 따라 여러 가지가 있는데 석유의 경우에는 정상, 증발, 폭발, 연소가 있다.

(10) 연소범위와 폭발범위

불이 붙을 수 있는 최저의 기체농도를 연소하한(Lower Flammable(Explosive) Limit : LFL 혹은 LEL)이라 하고 불이 붙을 수 있는 최고의 기체농도를 연소 상한(Upper Flammable(Explosive) Limit : UFL 혹은 UEL)이라 하며 공기 중에서 가연성 가스의 용적 백분율 또는 mg/l의 농도로 표시되며 연소가 폭발적일 때 폭발범위라 한다.

(11) 인화점, 연소점 및 발화점

1) 인화점

액체석유 혼합물의 온도가 높아짐에 따라 석유기체의 압력이 상승하고 농도가 증가하며 처음으로 연소하한에 이르는 농도의 가연성 가스를 발생시키는 액체의 최저온도를 말하며 인화성을 측정하는 보통의 방법이다.

액체의 표면을 대기에 노출시킨 채로 가열하는 것이 개방용기 인화점이며 등유류와 인화점이 80℃를 넘는 중질 중유에 적용한다.

발화원을 가열할 때의 짧은 시간 동안을 제외하고는 액체 상부 공간이 항상 밀폐된 채로 행하는 것이 밀폐용기 인화점이며 저인화점 석유인 가솔린과 대부분의 원유에 적용된다. 개방용기 인화점 시험에서는 인화점이 밀폐용기 인화점보다 약간(약 5°F 내지 10°F) 높다.

2) 연소점

인화점에서 액체상부의 가스는 즉시 연소하여 액체 표면을 가열할 수 없어서 화염과 연소를 지속시킬 수 있는 충분한 새로운 가스를 기화시킬 수 없다. 그러나 온도를 상승시키면 기화속도가 증가하여 화염전파속도에 이르고 결국 계속적인 연소가 일어날 수 있게 된다. 이 때의 온도를 연소점 또는 화염점이라 한다.

3) 발화점

가연성 물질의 온도가 열에 의해 혹은 디젤 엔진에서와 같이 단열적으로 상승할 경우 일제히 연소가 일어난다. 이 온도를 자기연소온도 혹은 발화점이라 한다. 연소는 가연성 물질 자체의 급속한 산화작용에 의한 것이며 따라서 대기 중에서 보다 산소 중에서의 연소점이 더 낮다. 또한 고분자량의 가연성 물질이 저분자량 물질보다 낮다.

(12) 원소기호와 화학식

1) 원소기호

원소명(라틴어로 표기)의 첫 대문자 또는 첫 대문자와 다른 소문자 1개를 따서 원소를 나타내는데 이러한 기호가 원소기호(symbol of element)이다. 원소기호는 원자 또는 원소의 종류를 표시하며 이 원소의 원자 1개를 나타낼 뿐만 아니라 원소의 특정량을 표시하는 기호로도 사용한다.

예를 들면 C : 원자의 종류-탄소로 탄소원자 1개이다.

2) 화학식

단일 원소물질이나 화합물을 이루고 있는 물질에 대하여 원자의 종류와 그 수를 화학기호를 써서 나타낸 식을 화학식이라 한다. 여기에는 실험식, 분자식, 시성식, 구조식 등이 있다.

3. 화물의 독성

(1) 독 성

독성이란 유해물질이 인체에 미치는 영향을 말하며 독성 물질이 인체에 침입하여 병적 상태를 유발하는 것을 중독(poisoning)이라 한다. 탱커선은 다양한 종류의 화학제품을 비롯하여 석유류와 가스를 운반한다. 이러한 화물들이 대부분 액상의 물질로 휘발성이 강하여 선원들이 흡입할 가능성이 높으며 중독되었을 때 독성도 심하다.

따라서 탱커선 종사자들은 독성 물질에 관한 여러 가지 정보들을 사전에 습득, 발생 가능한 다양한 응급상황에 대비해야 하고, 특히 독성을 가진 물질들이 인체에 어떤 영향을 미치는가에 대해 알아야 할 것이다.

(2) 독성을 나타내는 기준

독성을 나타내는 기준에는 LD50, LC50과 같이 치사량을 나타내는 방법과 허용기준(Threshold Limit Value : TLV)과 같이 허용기준으로 나타내는 방법이 있는데, 탱커 종사들은 작업중 수시로 노출되는 경우가 많으므로 작업장 환경에서의 허용기준(TLV)을 기준으로 독성기준으로 여기는 것이 더 타당성이 있을 것이다.

1) 치사량 및 유효량

① LD(Lethal Dose)50(평균치사량)

실험동물의 50%가 사망하는데 필요로 하는 화학물질의 용량을 말하며 보통 1회 투여 후 14일 이내 사망하는 용량을 kg당 mg으로 나타낸다.

② LC(Lethal Concentration)50(평균치사농도)

유독성 가스를 실험동물에게 흡입시켰을 때 50%가 사망하는 농도를 말하고 ppm이나 CC/m^3 단위로 나타낸다.

③ ED50(평균유효량)

독성물질의 양을 평가하는데 응용되지는 않으나 일반적인 약물의 유효용량을 측정하기 위하여 사용한다.

2) 허용기준

탱커선에서 유해물에 대한 중독은 거의 대부분 흡입과 피부접촉이므로 치사량의 개념으로는 정확한 기준을 설정하기가 어렵다. 따라서 TLV(Threshold Limit Value)를 응용하며 화학물질의 공기 중 농도와 생물학적 노출지수의 2가지로 나눈다.

① 화학물질의 공기 중 농도

TLV는 대부분의 근로자들이 일상적인 작업환경에 지속적으로 노출되더라도 건강에 해를 미치지 않는다고 전제하는 농도 그러나 개인적인 감수성 차에 따라 그보다 더 낮은 농도에 노출되었을 때 유해성을 가질 수 있으므로 이 기준을 안전과 유해성의 완벽한 경계선으로 여길 수 없다.

- TLV-TWA(Time Weighted Average, 시간가중 평균) : 1일 8시간, 주당 40시간을 작업시 건강에 영향을 미치지 않을 것이라고 여기는 농도이다.
- TLV-STEL(Short Time Exposure Limit, 단시간 노출허용치) : 짧은 시간(15분)의 노출은 허용되는 농도로 8시간 평균치가 TLV 이하일지라도 이 범위를 넘으면 안 된다. 만약 유해물의 농도가 TLV와 STEL 사이에 있으면 1시간 이상의 간격으로 하루 4회까지는 허용된다.
- TLV-C(Ceiling, 천정치 또는 최고허용치) : 작업중 절대 초과해서는 안 되는 기준치이다.
- EL(Excursion Limit) : TLV는 설정되어 있으나 STEL이 정해지지 않은 경우 단시간 내의 허용치를 잠정적으로 정한 것이다.
- S(Skin) : Skin이라 표시되어 있으면 피부나 눈 및 기타 외부 점막을 통하여 유해성을 미치는 물질로 공기 중의 농도로는 인체에 미치는 영향을 쉽게 알 수 없으므로 생물학적 노출지표를 이용하여 총 흡수량을 환산한다.
- 물리적 인자에 의한 TLV의 영향 : 열, 자외선, 전리방사선, 습도, 기압, 기

류 등이 유해물의 영향을 가중 또는 감소시킬 수 있으므로 TLV 적용 시 감안한다.

- TLV 미설정물질 : 인체에 미치는 영향이 미미하거나 또는 확인되지 않았거나 거의 사용하지 않는 물질의 경우에는 설정되어 있지 않다.

② 생물학적 노출지표(Biological Exposure Indices : BEI)

작업장의 공기 감시(air monitoring)는 화학물질의 공기 중 농도를 측정하여 작업자가 흡입으로 인하여 노출된 정도를 알 수 있으므로 TLV가 사용되며, 생물학적 감시(biological monitoring)는 작업자가 실제로 화학물질에 얼마나 노출되었는가를 인체로부터 채취한 검체를 실험실적으로 검사하여 검체로부터 검출되는 양을 나타낸 것이다.

(3) 독성물질의 분류

독성물질의 분류방식은 독성의 강도에 따른 분류와 독성물질의 성질에 따른 분류로 나눌 수 있다.

〈표 2-7〉 독성물질의 성질에 따른 분류

등급	분류	사람의 구강 투여기준 평균치사량(LD50)	
		용량(mg/kg)	성인 평균량
1	무독(relatively harmless)	15,000 이상	1quart(0.95L) 이상
2	미독(practically nontoxic)	5,000～15,000	1pint(0.47L)～1quart
3	약독(slightly toxic)	500～5,000	1ounce(29.6 ml)～1pint
4	중등독(moderately toxic)	50～500	1teaspoonful(3 ml)～1ounce
5	강독(highly toxic)	1～50	7drops(0.35ml)～1teaspoonful
6	맹독(extremely toxic)	1 이하	7drops 이하

1) 물리적 성질에 따른 분류

① 기체와 증기

상온 · 상압에서 일정한 형상을 갖지 않는 물질을 기체(gas)라 하며, 고체나 액체로부터 발생한 기체를 증기(vapour)라 한다. 가스의 예는 산소(O_2), 질소(N_2),

이산화탄소(CO_2), 일산화탄소(CO), 질소산화물(Nox) 등이 있고 증기의 예로는 수증기, 수은증기 및 유기용제에서 발생하는 증기가 있다.

② 액체와 연무 및 안개

상온, 상압에서 자유로운 분자운동을 하며 일정한 부피는 가지나 정해진 모양이 없는 물질을 액체(liquid)라 하며, 액체의 물질이 입자상으로 발생하여 공기 중에 분산된 상태를 연무(mist)라 하고, 가스 상태의 물질이 응축하여 액체화되어 분산된 형태를 안개(fog)라 한다. 연무로는 황산연무, 크롬산연무, 알칼리연무 등이 있으며 안개로는 대기 중에 발생하는 운무가 그 예이다.

③ 분진과 훈연

분진(dust)은 흔히 먼지라고 하며 고체상의 물질이 가루로 되어 공기 중에 비산 또는 강하하는 미립자들을 말한다. 훈연(fume)이란 가스상의 물질이 공기 중에서 화학적인 반응을 일으켜 고체상의 미립자로 된 것을 말하며, 특히 유기성 훈연을 매연이라 한다.

분진은 화학적 성질에 따라 유기성 분진과 무기성 분진으로 나누며 크기에 따라 강하분진과 부유분진으로 나눈다. 인체에 문제가 되는 것은 부유분진이며 크기는 지름 10 이하이다. 납(Pb), 카드뮴(Cd), 아연(Zn), 알루미늄(Al), 마그네슘(Mg), 망간(Mn) 등이 그 예이다.

④ 에어로솔과 스모그

액체와 고체가 기체에 섞여 있는 혼합물질을 에어로솔(aerosol)이라 하고 그 예로는 연기(smoke)가 있으며 안개 속에 섞여 있는 상태를 스모그(smog)라 한다.

2) 화학적 성질에 따른 분류

① 산 및 알칼리 화합물

② 산소, 질소 및 탄소 화합물

③ 중금속 화합물

④ 금속 화합물

⑤ 방향족 탄화수소 화합물

⑥ 지방족 탄화수소 화합물
⑦ 할로겐 화합물
⑧ 알콜류
⑨ 알데히드류
⑩ 에폭시 화합물
⑪ 에테르류
⑫ 케톤류
⑬ 에스테르류
⑭ 아민류
⑮ 니트로 화합물 등

3) 생리적 작용에 따른 분류

① 질식제

혈액의 산소운반능력을 차단하여 조직 내 산소결핍상태를 유발-산소를 제외한 대부분의 가스는 고농도로 존재할 때 질식작용을 한다.

- 단순 질식제 : 그 자체로는 유해한 작용을 나타내지 않으나 농도가 높아짐으로써 산소의 농도를 상대적으로 저하시켜 조직 내 산소함량을 저하시키는 물질로 이산화탄소, 수소, 질소, 에탄, 메탄이 있다.
- 화학 질식제 : 혈액 중 산소운반의 주체가 되는 헤모글로빈과 강하게 결합하여 산소의 운반능력을 방해하므로 조직 내 산소결핍을 일으키는 물질로 일산화탄소, 시안가스, 아닐린이 있다.

② 자극제

피부나 점막이 노출되면 그 부위를 부식시키거나 화상을 입히는 것으로 접촉부위에 기능을 훼손시킨다. 특히 호흡기를 통한 중독 시에는 가벼운 상기도에 자극을 주며 심하면 기관지와 폐에 직접적인 영향을 주므로 생명을 위협할 수도 있다.

- 피부 자극 : 강산성, 강알칼리성 물질들을 비롯하여 대부분의 유독성 화학물질들은 피부에 접촉 시 심한 자극과 함께 손상을 야기한다.

- 상기도 점막 자극 : 수용성이 큰 물질들이 주로 작용을 하는데 알데히드나 알칼리성 분진과 연무, 암모니아, 크롬산, 불화수소, 염화수소가스 등이 있다.
- 상기도 점막 및 폐조직 자극 : 보통의 수용성을 갖는 물질들로 염소, 요오드, 불소, 브롬과 같은 할로겐 물질들과 시안화합물 등이 주를 이룬다.
- 세기관지 및 폐포점막 자극 : 물에 난용성이면서 지용성 물질들로 호스겐($COCL_2$), 삼염화비소, 이산화질소 등이 그 예이다.

(4) 독성물질의 노출경로 및 독성 결정요인

1) 독성물질의 노출경로

① 호흡기

공기 중에 분포하고 있는 가스 상태의 유해물질은 대부분이 호흡기를 통하여 인체에 침입하고 중독을 나타낸다. 직업성 중독증의 약 90%가 호흡기를 통한 중독이라는 것이 그것을 뒷받침해 준다.

호흡기를 통한 흡입의 경우 비강에서 폐포에 이르는 무수한 점막을 통하여 흡수되고 특히 폐에서는 결국 모세혈관으로 이행되어 전식작용이 나타나게 된다. 특히 탱커선에서는 선적하는 물질들이 대부분 휘발성 액체들이므로 호흡기를 통한 중독경로가 주를 이룬다.

공기 중에 분포하고 있는 기체가 아닌 분진의 경우 입자의 크기가 10μm 이상인 강하분진은 호흡기를 통하여 침투하기 어려우며, 3∼10μm는 비강도 상기도에서 잡혀 폐에 도달하지 못하고, 1∼3μm는 폐에 가장 많이 침착되고, 0.25∼1μm는 가벼워서 도로 빠져나가 폐에 침착되지 않고 0.25μm 이하인 분진은 다시 침착이 증가한다.

② 피 부

유해물질이 피부를 통해서 흡수되는 것은 호흡기를 통한 흡수에 비하여 미약하지만 인체가 피부를 통해서도 호흡을 하며 흡수와 배설도 하므로 무시할 수 없다. 한편 액체성 유해물질이 피부에 접촉되면 피부자체를 괴사 또는 부식시켜 직접적인 손상을 일으키며 흡수도 빠르다.

③ 소화기

구강을 통하여 소화기로 침투하는 유해물은 그리 많지 않으나 소화기계로 유해물이 들어오게 되면 심각한 손상을 유발하게 된다. 특히 자극성이 강한 강산이나 알칼리성 물질 등은 구강점막을 비롯한 일련의 소화기계에 전반적으로 심각한 손상을 일으키므로 유의해야 한다.

2) 독성의 결정요인

① 인체 내의 침입경로

② 물리화학적 성질

③ 농도와 노출시간

④ 개인의 감수성

⑤ 작업강도

⑥ 기상조건

(5) 중독의 전형적인 3단계

1) 잠복기

독성물질이 체내에 침범한 순간부터 증상이 발현할 때까지를 말한다. 대부분의 위험물들은 증상이 급속히 나타나지만 경우에 따라서는 수 시간 내지는 수일 후에 나타난다. 중금속의 경우에는 수 년이 지나서 중독현상이 나타나는 수도 있다.

2) 활동기

중독의 증상이 나타나는 시기로 위험물질의 물리화학적 성상에 따라 노출부위와 정도에 따라 개인의 감수성에 따라 증상이 다양하며 두통, 오심, 구토, 현훈 등이 있다.

3) 말 기

대부분의 경우에 노출의 정도가 심하지 않으면 수 시간 이내에 회복이 되나, 맹독성 위험물이거나 정도가 심각하면 그 증상이 상당히 오래가 심각한 후유증을 남기거나 신속히 사망에 이를 수도 있다.

(6) 각종 중독과 응급처치

1) 각종 물질 중독의 특징

① 방향족 탄화수소

- 벤젠 : 벤젠은 그 자체로 사용되기도 하며 스타이렌, 사이클로핵산 및 페놀 등의 원료로 사용되는데 만성적인 중독이 되면 조혈기능이 약화되어 재생불량성빈혈 및 백혈병을 일으킨다.
- 톨루엔 : 페놀, 벤질, 사카린 등의 합성원료가 되는데 특히 급성 중독시 독성이 강하다.
- 크실렌 : 벤조산, 석영, 에폭시수지 및 의약품제조 등의 원료로 사용되며 중독시 자극성과 중추신경 억제작용이 있다.
- 기타 : 에칠벤젠 및 스타이렌 등은 발암성 물질들이며 상업용 용제인 신나는 톨루엔, 크실렌, 사이클로핵산, 휘발유 등의 혼합물로서 중독이 되면 유기용제의 일반적인 증상인 자극성과 중추신경 억제작용이 나타난다.

② 지방족 탄화수소

- 노말 핵산 : 상업용 용제로 많이 사용하며 비교적 안전한 물질로 여겨졌으나 근래에 들어 다발성 말초신경염 등의 중독현상이 나타난다.
- 기타 : 지방족 탄화수소 중 탄소수가 4개 이하인 것은 단순 질식작용을 나타내고 탄소수가 많은 것들은 자극성과 마취작용을 주중독증상으로 나타낸다.

③ 할로겐화 탄화수소

- 클로로포름 : 흡입마취제로 사용하였으나 독성이 강해 지금은 사용하지 않는다. 초기에는 중추신경 억제작용이 나타나고 장기적으로 노출되면 간장과 신장의 괴사 및 부정맥이 나타난다.
- 사염화탄소 : 소화제나 흡입마취제로 사용했던 적도 있으나 독성으로 인해 사용하지 않는다. 신장과 간장에 손상을 야기하고 장기간 노출로 간암이 유발될 가능성도 있다.

- 사염화에틸렌 : 사염화탄소보다는 독성이 적으나 성질이 비슷하여 사염화탄소의 대체물질로 많이 사용된다. 중추신경을 억제하는 작용이 있으나 간과 신장손상은 사염화탄소에 비해 약하다.
- 불화탄소 : 일명 프레온이라고 하는 물질로 주로 냉각제, 분무제, 세척제 및 팽창제로 사용되며 중독증상은 마취, 간장해 및 부정맥이 나타난다.
- 염화비닐 : 간장해와 발암작용이 있고 장시간 노출시 문맥압이 증가하여 식도정맥류나 식도출혈을 야기한다.
- PCBs(polychlororinated biphenyls) : 방향족 염화탄화수소의 총칭으로 주로 절연체의 절연용액으로 사용하고 분해가 되지 않으므로 환경오염과 생체 내 축적이 문제되며 간과 신장장해를 유발한다.

④ 알콜류

- 메칠알콜(메탄올) : 각종 화학물질의 원료로 큰 중독증으로 시신경을 위축시켜 실명하게 하며 그렇게 많지 않은 양을 섭취하더라도 혼수와 사망을 일으킬 만큼 무서운 유해물질이다. 간혹 에틸알콜과 혼동을 일으켜서 중독사고가 가끔씩 발생한다.
- 이소프로필알콜 : 오일의 용제, 합성수지, 향료 및 염료 등에 사용하며 호흡기계 암을 유발하는 것으로 알려져 있다.

⑤ 글리콜에네르류

수지, 락커, 염색제, 부동액 등에 사용되고 빈혈, 신장장해를 유발한다.

⑥ 이황화탄소

휘발성이 강하며 인조견, 셀로판, 수지 및 고무제품의 용제에 널리 사용하며 뇌손상, 말초신경증, 시각장애, 청각장애 등을 유발한다.

⑦ 기 타

- 케톤류 : 고농도에서는 마취작용하고 사이클로케톤류는 혈관손상을 일으키며 에칠부칠케톤은 말초신경증을 유발한다.
- 에테르류 : 마취성이 강하고 동물실험시 가끔 사용한다.
- 에스테르류 : 마취작용과 자극작용이 있고 경우에 따라서는 안구에 심

한 자극을 줄 수도 있으며 폐수종을 유발한다.

- 알데히드류 : 호흡기계자극이 심하며 수용성 알데히드류는 구강점막, 비점막, 상기도를 주로 자극하고 지용성 알데히드류는 기관지와 폐를 자극한다.
- 글리콜류 : 용제와 가소제 및 부동액에 사용되며 크게 독성은 없다.

2) 중독증의 예

① 질 식

혈액 내의 산소결핍으로 나타나는 증상으로 장시간 지속되면 사망한다.

- 원 인
  - 기도를 토물(吐物), 혈액 또는 분비물 등이 막을 경우
  - 자극성 연무(煙霧)로 인해 기도 내부의 부종 또는 호흡기관의 수축
  - 암모니아나 염소가스 등으로 인한 폐포 내 액체 저류(低流)
  - 일산화탄소나 시안화합물증으로 인한 혈액 내 산소공급 차단
  - 유기인산염 등의 살충제로 인한 호흡근육의 마비
- 증 상
  - 일시적 호흡증가 후 호흡곤란 및 호흡감소
  - 빈맥(분당 100회 이상)
  - 안색 및 입술 창백
  - 근무력과 무감정
  - 초기에는 동공이 광반사를 하나 광반사를 하지 않으면 생명의 위험을 초래한다.

② 폐수종

폐포가 조직액으로 채워져서 혈액으로의 원활한 산소공급이 안된다.

- 원 인
  - 자극성 가스의 유입
  - 연무의 흡입
  - 토물의 폐유입

- 증 상
  - 호흡곤란
  - 호흡수 증가(매분 30~40회)
  - 거품이 많으며 혈액이 섞인 객담(喀痰)을 수반한 기침
  - 반듯하게 누워있기 어려움
  - 호흡시 요란한 소리
  - 피부색이 푸르게 변함
  - 정신적 흥분과 동요
  - 심한 발한(發汗)

③ 기관지염

기관지의 염증 증상이 나타난다.

- 원 인
  - 연무, 연기, 가스 등의 급성 흡입
  - 폐수종 후유증
  - 자극성 가스에 지속적으로 노출
  - 분진과 같은 유해물질들의 지속적 자극
- 증 상
  - 전신적 동통
  - 미열
  - 건성기침
  - 기침시 가슴과 인후에 쓰라린 통증

④ 폐 렴

- 원 인
  - 화학물질 흡입
  - 기관지염의 후유증
  - 폐수종의 후유증
  - 유독물질 섭취 후 토물의 기도 역류

• 증 상

－발열, 오한

－초기에는 누렇거나 초록색의 진한 객담

－호흡촉진과 거친 호흡

－피부 및 입술의 청색증

－빈맥

－호흡과 기침시 동통

－체온상승(섭씨 39～40.5도)

⑤ 급성 순환성허탈

뇌에 공급되는 혈액의 부족으로 의식불명이 급작스럽게 일어나는 상태로 출혈과 쇼크로 나눌 수 있다.

• 원 인

－화학물질에 의한 중독

－출혈

－심한 외상성 부상

－심한 화상에 의한 체액상실

• 증 상

－안면창백

－피부가 차고 습함

－저혈압

－미맥

－1～2시간 경과 후 요량 감소

－점진적 의식불명

⑥ 간부전

• 원 인

－염소산염의 탄화수소 중독

－비소, 카드뮴 등과 같은 금속 중독

－인(燐)제제 중독

–기타 대부분의 유독성 화학물질에 의한 중독

• 증 상

–발열을 동반한 오심, 구토

–황달

–우상측 복부의 동통 및 예민감

–암갈색의 소변

–배변량 증가

–설(舌) 변화

–피루

–중증에는 의식상실

⑦ 소화기계 이상

• 원 인

–강산성 물질(염산, 황산, 초산, 질산 등)

–강알칼리성 물질(암모니아수 등)

–기타 부식성 및 자극성이 강한 물질

• 증 상

–발적(發赤)

–동통, 수포, 구토, 두통, 호흡곤란

3) 응급처치

선박에서 응급처치는 환자를 병원으로 후송하기까지 혹은 의사가 도착할 때까지의 적절한 조치로서 무선의료조언을 구하여 의사의 지시에 따라 이행하는 것을 원칙으로 한다.

① 응급처치의 순서

• 자신 주변의 위험노출 상태를 확인한다.

• 필요하다면 환자를 위험지역으로부터 안전지대로 이동시키거나 위험원을 제거한다.

• 주변 공기 중 연무 및 독성가스가 있으면 보조호흡기구 사용한다.

• 환자가 복수일 경우 심폐기능 정지자, 의식불명자 순으로 응급 처치
• 부상자가 밀폐된 장소에 있다면 적절한 보호장구 없이는 구조하기 위해 들어가지 않는다.

② 위험노출 경로에 따른 응급처치

• 피부접촉
 – 화학물질이 눈에 들어갔는지를 보살핀다.
 – 오염된 옷과 신발을 벗긴다.
 – 최소한 10분 이상 다량의 물로 화학물질을 씻어낸다.
 – 잔여 화학물질이 있으면 없어질 때까지 계속 씻어낸다.
 – 발적, 동통이 있을 때는 멸균된 붕대로 드레싱을 하나 너무 꽉 쪼이게 하지 않는다.
 – 화상의 범위가 넓으면 체액 보충을 위해 수분을 공급한다.
• 안구접촉
 – 눈꺼풀을 크게 벌려 노출된 안구가 아래로 위치하게 하여 흐르는 물로 씻어낸다.
 – 잔여량이 있으면 재차 씻어낸다.
 – 통증이 심할 경우는 아세트아미노펜을 4시간마다 500mg씩 경구로 투여한다.
 – 플로레세인(fluorescein)으로 착색하여 착색되는 부위는 1% 클로람페니콜 안연고를 발라서 눈꺼풀이 눈동자와 붙는 것을 예방한다.
 – 매 2시간마다 안연고를 발라주고 꽉 조이지 않게 거즈로 눈을 덮어주고 빠른 시간 내에 의사에게 보인다.
• 흡 입
 – 환자를 오염된 장소에서 안전한 지대로 신속히 옮긴다.
 – 환자의 호흡 여부를 확인한다.
 – 호흡이 중지되었을 경우
  · 즉시 인공호흡을 한다.
  · 맥박 정지 시에는 심장마사지를 한다.
 – 호흡을 하면서 의식이 없는 경우

· 의식불명자 체위로 한다.
· 기도내의 이물질을 확인한다.
· 과도한 분비물을 제거한다.
· 의치를 빼낸다.
· 혀가 뒤로 말려 기도를 막지 않도록 보조기도를 삽입한다.
· 따뜻하게 해 준다.
· 경구투여 약물은 의식이 없을 때는 투여하지 않는다.

- 소화기관으로의 섭취
  - 토하게 하는 것은 매우 위험하다.
  - 의식이 없을 경우
    · 의식불명자 체위로 한다.
    · 호흡이 자연스러운지 확인하고 호흡정지 시 인공호흡을 한다.
    · 의식이 없을 경우에는 어떠한 약물도 경구로 투여해서는 안 된다.
  - 의식이 있을 경우
    · 화학물질이 부식성일 때
    인, 염소산염의 탄화수소계열, 탈지성 용매 등의 부식성 화학물질일 경우에는 신속히 500ml의 물을 마시게 하여 화학물질을 희석시킨다.
    · 화학물질이 부식성이 아닐 때
    a. 500ml의 물에 활성탄 10g을 풀어서 먹인다.
    b. 이어서 20분 간격으로 물 100ml에 5g을 풀어서 3번 먹인다.
    · 화학물질의 성질이나 이름을 알 수 없을 때
    a. 그 화학물질이 부식성인지의 여부를 판단하여 위와 같이 처치한다.
    b. 이를 판별하기 어려우면 물을 500ml 마시게 하고 무선의료통신을 이용하여 조언을 구한다.
    · 경구투여 중독에 대한 일반적인 응급처치의 5단계
    a. 희석 : 다량의 물을 먹인다.
    b. 구토 : 희석된 독물을 구토제 등을 투여하여 구토하게 한다.

c. 중화 : 산성의 유독 물질↔알칼리성, 그 반대이다.

d. 보온 : 독물을 섭취한 자는 체온이 저하되어 쇼크를 일으키기 쉬우므로 몸을 따뜻하게 한다.

e. 인공호흡 : 호흡정지 시에는 인공호흡 실시한다.

읽을 거리

1. 독거미

- 독거미 중에 유명한 거미로는 타란튤라가 있지만 타란튤라보다 더욱 센 독을 가진 거미가 많다.
- 거미 중에 가장 강한 독을 지니고 있는 거미는 검은과부거미이다.
- 몸에는 붉은 색의 H자 모양의 문양이 있고 방울뱀의 15배 정도되는 독을 가지고 있으며 물릴 경우 치사율이 80% 이상이다.
- 다행히 공격성이 적어 괴롭히지 않으면 공격하지 않으며 암컷에게만 독이 있다고 한다.

〈그림 2-6〉 거미 1

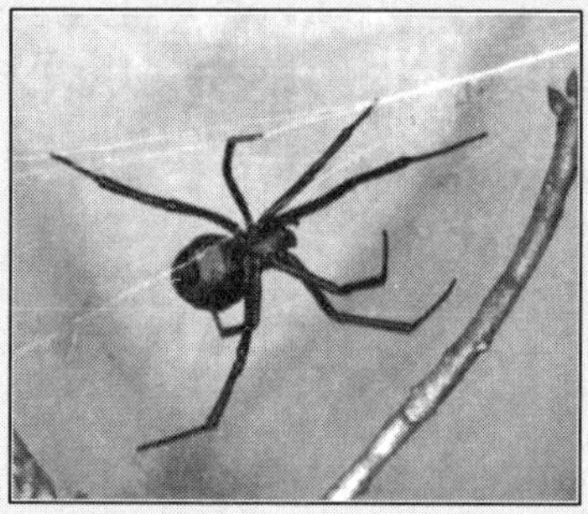

〈그림 2-7〉 거미 2

〈그림 2-8〉 거미 3

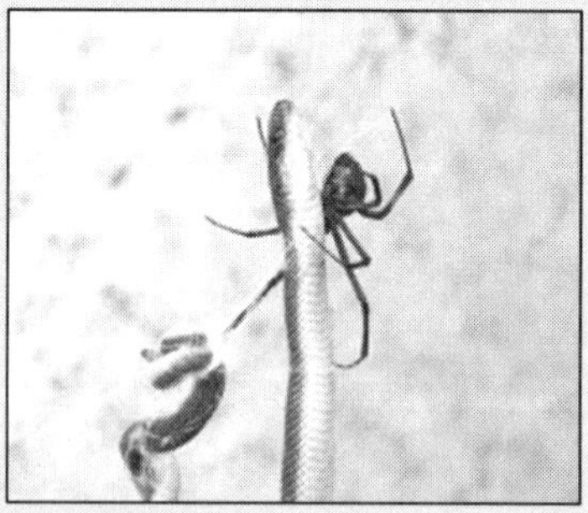

〈그림 2-9〉 거미 4

〈그림 2-10〉 거미 5

2. 전갈

- 전갈의 독은 급수를 따진다.
- 1급 : 성인 남자 2시간 내 사망(데스스토커, 옐로우 펫테일 등)한다.
- 2급 : 어린이 및 노약자 2시간 내 사망(블랙 펫테일 등)한다.
- 3급 : 대략 일시마비 정도(레드크로우, 자이언트 블루 등)이다.
- 4급 : 말벌에 쏘인 정도지만 고통 시간이 5급 보다 더 길다고 한다(극동전갈, 트라이칼라, 텍사스칼라 등).
- 5급 : 말벌에 쏘인 정도(황제전갈, 아시안포레스트 등)

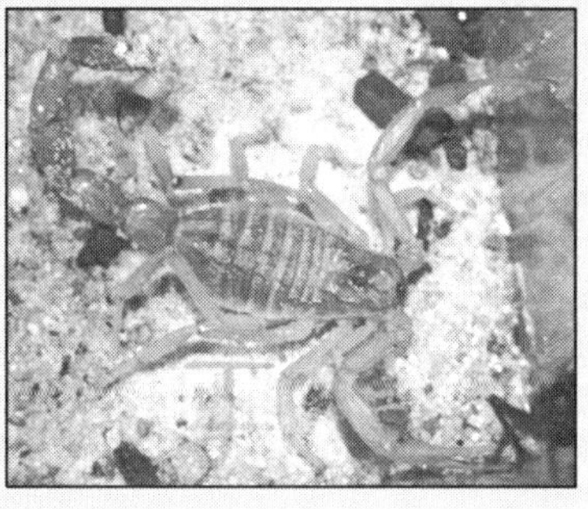

〈그림 2-11〉 전갈 1

〈그림 2-12〉 전갈 2

3. 뱀

- 공식적으로 파충류 중에서 가장 강한 독을 지니고 있다(기네스북 기록).
- 검은 무늬에 올리브색이나 갈색을 띄고 2m 이상 자라며 호주 중앙지역에 서식하며 한 번 물었을 때 나오는 독은 사람을 100명 정도 죽일 수 있으며, 쥐는 25만 마리, 양은 200마리 죽일 수 있다고 하며, 인도 코브라 보다 무려 750배 강한 독을 지니고 있다.
- 다행히 인랜드 테이팬은 개체수가 그리 많지 않으며 대개 사람을 보면 선제공격 보다는 땅 속으로 숨어버리는게 보통이라고 하여 정작 인랜드 테이팬에게 물려 죽은 사람은 그리 많지 않다.
- 아프리카에 서식하는 블랙 맘마의 독은 인랜드 테인팬보다 강하지는 않지만 아주 난폭하기로 유명한 독사로 대부분의 독사는 외부의 공격이나 위협이 있을 시 자신을 지키기 위해 반격을 하지만, 이 블랙 맘마는 자신에게 걸리적 거리는 것은 무조건 공격하며 도망을 가면 뒤쫓아 가서 물 정도의 성격을 가지고 있다.

- 또 블랙 맘마는 지구상의 뱀 중 가장 민첩하고 빠른 속도를 가지고 있어 보통 사람이 뛰는 속도 보다 빠른 시속 20km 이상의 속도를 낼 수 있다고 하며 최대 3.9m까지 자라며 킹 코브라와 같은 독성을 지니고 있다.
- 그 외에도 킹 코브라, 올리블루, 방울뱀, 까치살모사 등 육지의 독사도 유명하지만 바다뱀의 독도 상당히 강하다.

〈그림 2-13〉 피얼스 스네이크

〈그림 2-14〉 블랙 맘마 1

〈그림 2-15〉 블랙 맘마 2

4. 양서류

- 채색은 붉은색, 오렌지색, 노란색, 초록색, 분홍색 등 여러 색을 띠고 있으며 현란한 무늬를 가지고 있다.
- 대개 남미 정글의 알록달록한 개구리들을 독화살 개구리라고 하며 어른의 엄지손가락보다 작은 크기의 양서류지만 위협을 느끼면 등과 양 귀옆의 피부샘에서 독을 분비하는데 맹독 2mg이면 성인 남자의 치사량이다(2mg은 아주 적은 극소량으로 문장의 마침표 크기의 1/3 정도의 양).
- 일반적으로 세계에서 가장 무서운 맹독을 가진 동물로 알려져 있고 원주민 인디오들이 화살촉에 이 개구리의 독을 이용해서 짐승이나 새를 사냥한다고 하여 이름이 독화살 개구리라고 불린다고 하며 이 개구리는 천적이 없어 평균 9년 정도 장수한다.

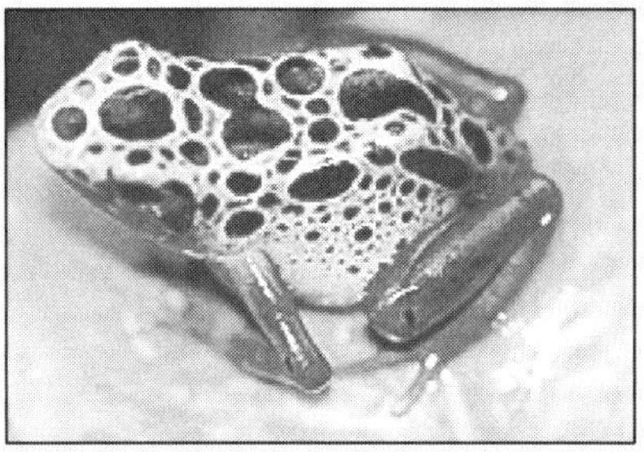

〈그림 2-16〉 개구리 1

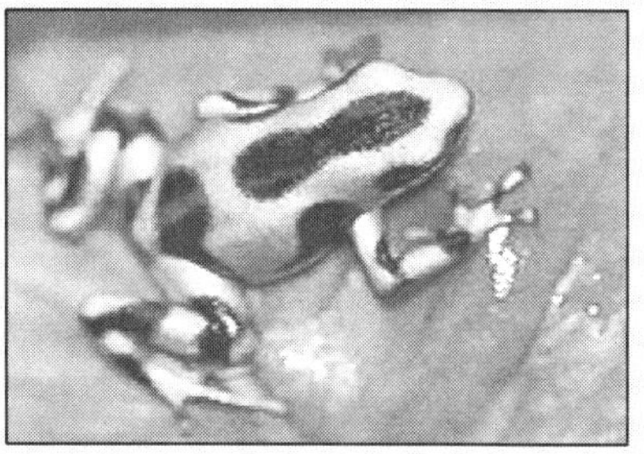

〈그림 2-17〉 개구리 2

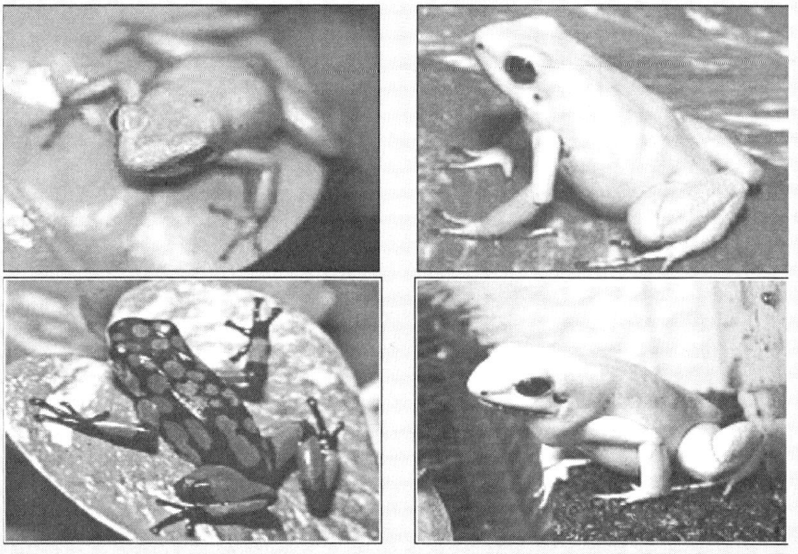

〈그림 2-18〉 여러 기지 개구리

- 북미 대륙에 서식하는 이 독 도룡뇽 역시 독화살 개구리와 맞먹는 독성을 가진 양서류로 대체로 붉은색을 띠며 사람의 손바닥만한 크기이지만 성인 남자 100명 이상을 한 번에 죽일 수 있는 독을 피부에 지니고 다닌다. 이들은 자신들의 천적이자 포식자인 뱀으로부터 자신을 방어하기 위해 이런 맹독을 지니게 되었다.

〈그림 2-19〉 독 도롱뇽

5. 해파리

바다에 사는 가장 독성이 강한 생명체로 지금까지 상어, 악어 등에 의해 희생 당한 사람을 모두 합친 것 보다 이 해파리 때문에 죽은 사람 수가 훨씬 많고 사람이 이들에게 쏘였을 경우 대부분은 해변에 닿기도 전에 사망한다.

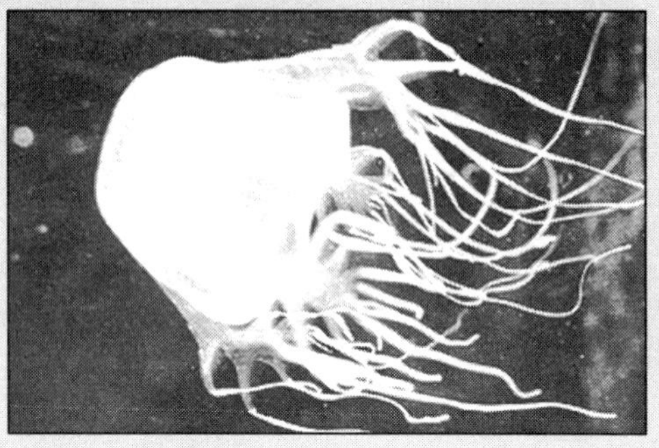

〈그림 2-20〉 해파리

6. 고동

- 무늬가 예쁘고 귀해서 수집가들에게 인기가 있지만 수중 다이버들은 절대로 가까이 가거나 건드리지 않는다고 한다. 쏘이면 10분에서 4시간 안에 사망하는 치사율도 꽤 높다고 하며 바다 속에서 해파리 다음으로 위험한 생물로 꼽힌다는 말도 있다. 주로 모래 바닥에서 살고 있으며 갯지렁이 모양의 혀로 작은 물고기를 유인해서 독을 쏘아 서서히 포식대상의 몸을 마비시켜 잡아 먹는 것으로 유명하다.
- 우리나라에도 4종의 청자고동이 서식한다(청자고동, 어깨혹청자고동, 계단꼭지청자고동, 혹줄청자고동).

〈그림 2-21〉 고동 1

〈그림 2-22〉 고동 2

7. 퉁솔치

어류 중 가장 강력한 독을 지녔고, 등에 나 있는 13개의 가시에서 무시무시한 독이 뿜어져 나오는데, 압력 감지식으로 공격을 받지 않아도 접촉하거나 스쳐도 반사적으로 독이 흘러나와 상대에게 치명상을 입힌다. 잠수부들도 자주 이들의 가시에 찔리곤 하는데 신속한 응급조치나 치료가 없으면 사망할 가능성이 높다.

〈그림 2-23〉 퉁솔치

8. 복 어

복어는 계절적으로 5월과 7월 사이에 가장 독성이 강하다고 알려져 있다. 내장과 알 그리고 간에 독성분인 테트로도톡신(tetrodotoxin)이 가장 많이 들어 있으며, 참복어 한 마리에서 나오는 독성분은 성인 33명을 동시에 죽게 할 수 있는 양으로 쥐에게 먹일 경우 20만 마리를 죽일 수 있는 치사량으로 복어의 독성이 청산가리의 13배에 이를 정도이며 중독된 사람의 60%가 죽는다.

〈그림 2-24〉 복어 1

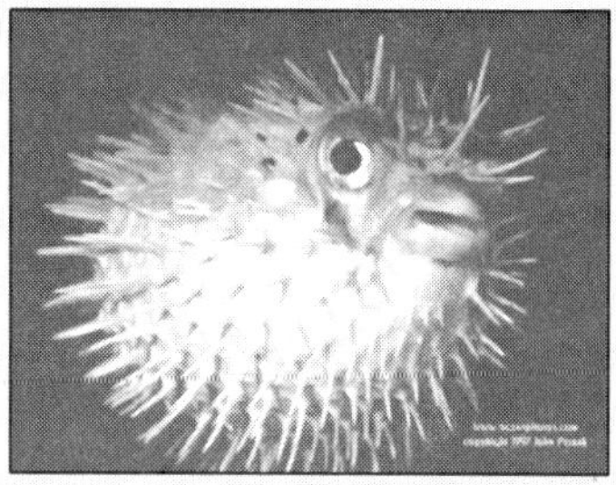

〈그림 2-25〉 복어 2

9. 두꺼비

호주에 서식하는 맹독성의 두꺼비로 원래 사탕수수 밭의 딱정벌레 퇴치용으로 하와이에서 도입하였으나, 별다른 효과를 거두지 못하고 오히려 호주의 생태계를 파괴하는 골칫거리로 변하고 말았다. 머리 뒷쪽 독샘에서 내뿜는 독은 3m가 넘는 악어도 단 번에 죽일 수 있는 맹독이라 멋모르고 집어 삼킨 호주 악어들이 수없이 많이 죽어 전멸위기에 처해 있다.

〈그림 2-26〉 두꺼비

10. 지 네

지네의 경우 물리면 담뱃불에 지지는 고통과 감기증상 정도의 앓이가 있다. 자이언트 샌티패드는 길이 50cm 이상, 폭 5cm 이상은 기본이며 사람 팔뚝만한 크기도 있다. 대부분 동남아시아, 적도 부근 태평양 섬들의 원산지가 많으며 대표적으로 베트남 자이언트 샌티패드, 헤이티안 자이언트 샌티패드, 텍사스 사막 샌티패드, 차이니즈 레드, 탄자니안 자이언트 샌티패드 등이 있다.

〈그림 2-27〉 지네 1

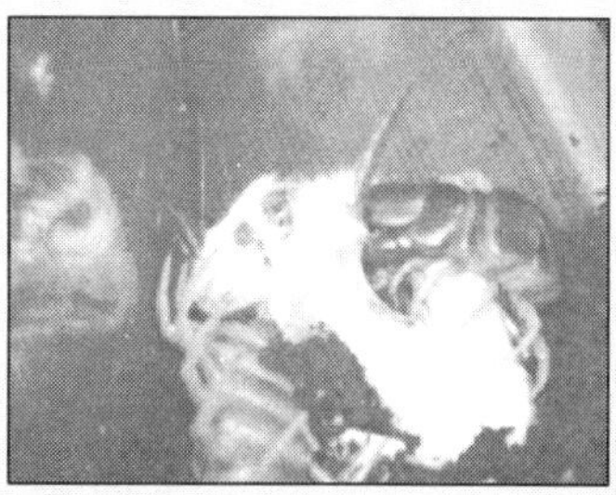

〈그림 2-28〉 지네 2

11. 벌

장수말벌, 황말벌 같은 독벌은 여러 가지가 있다. 독성은 그리 강하지 않으나 한 마리만 있는 게 아니라 여러 번 쏘이면 양적으로 맹독이 되고 해마다 벌초 갔다가 사망하는 이들이 많다.

〈그림 2-29〉 벌 1

〈그림 2-30〉 벌 2

12. 인 간

이 동물은 독을 체내에서 직접 분비하지는 않지만 합성할 수 있는 능력을 가지고 있으며 지금까지 이 동물이 만들어낸 독의 종류는 셀 수 없이 많다. 그 강도 또한 측정불가능할 정도로 강한데 예를 들어 다이옥신이란 독성물질은 200년이 지나도 분해되지 않으며 이 동물이 만들어낸 제초제, 살충제라 불리는 독들은 한 종 전체를 순식간에 말살시킬 수도 있다. 그 뿐 아니라 생화학독은 이 동물의 같은 종도 쉽게 죽일 수 있는 강력한 무기로 장착되었다.

III 탱커선 설비

01 갑판상 설비

탱커선에는 여러 장소에 수많은 장치들이 설비되어 있는데 이러한 여러 설비 중 갑판상에 설치되어 있는 설비들을 동장에서 설명하고자 한다. 아울러 탱커선의 갑판상에는 여러 장치들이 설비되어 있는데 여기에서는 화물 적하·양하 작업에 관련된 설비들을 위주로 설명하고자 한다.

〈그림 3-1〉 탱커선의 갑판 전경

1. 파이프 라인

탱커선의 갑판상에는 수많은 종류의 파이프 라인(pipe lines)들이 설비되어 있다. 대표적인 파이프 라인으로는 화물 이송에 사용되는 라인, 불활성(inert gas) 가스가 이동하는 라인, 연료유 이송에 사용되는 라인, 압축공기가 이동하는 라인, 유압 라인, 소화전 라인 및 원유세정 라인(COW line) 등이 설비되어 있다.

〈그림 3-1〉에서 'I'로 표시된 부분은 화물 이송에 사용되는 메인 라인(main line)이다. 메인 라인은 화물을 적하·양하할 경우에 화물이 직접적으로 이동하는 통로로써 탱커선의 종류에 따라 메인 라인의 개수는 다르다.

일반적으로 운항되고 있는 원유 운반선의 경우 메인 라인은 3개가 가장 일반적이다(그림 3-2 참조).

파이프 라인은 사용목적에 따라 식별을 용이하게 하기 위하여 여러 가지 방법을 사용하고 있는데 가장 일반적인 방법은 파이프 라인에 색을 칠하거나 직접적으로 표기를 하는 것이다.

〈그림 3-2〉 갑판상 파이프 라인

갑판상에 설비되어 있는 대다수의 파이프 라인들은 선박의 길이 방향인 종방향으로 길게 뻗어 설비되어 있고, 육상 측과 본선 측의 파이프 라인을 연결시키기 위한 선체 중앙 부분에 선박의 길이 방향에 대해 횡방향으로 파이프 라인이 배열되어 있다.

2. Reducer

리듀서(reducer)는 선박의 길이에 대해 횡방향으로 설비되어 있는 파이프 라인의 끝단인 육상 연결부에 설치하는 연결고리 모양의 연결구이다(그림 3-1에서 II). 이는 화물의 적하 · 양하를 위해 육상과 본선의 파이프 라인을 연결할 때에 중간에 삽입이 되는 연결구로 적하 · 양하 항구에 설비되어 있는 파이프 라인의 크기가 일정하지 않기 때문에 이를 감안하여 여러 크기의 리듀서가 사용이 된다. 이를 위해 선박에는 크기를 달리하는 리듀서를 비치하고 있다.

〈그림 3-3〉 선박에 비치된 리듀서

3. Manifold

선박의 길이 방향에 대해 종방향으로 뻗어 있는 파이프 라인의 끝단 부분으로 육상 파이프 라인과 연결이 될 부분이다(〈그림 3-4〉 참조). 선박의 갑판상에서의 위치는 〈그림 3-1〉에서 III 및 IV에 해당된다.

그림 3-4는 리듀서가 연결되어 있는 매니폴드(manifold)의 모습이다.

〈그림 3-4〉 매니폴드(manifold)

리듀서가 연결되어 있는 파이프 라인의 하단부에는 일명 Drip Pan이라는 기름받이가 설치되어 있는데 이는 육상과 파이프 라인을 연결하여 하역 작업을 수행하는 중에 기름이 누유하거나 파이프 라인 연결과정에서 라인에 남아 있던 기름이 누유될 수 있는 가능성이 있는데 이를 적절하게 처리하지 않으면 해양오염을 유발할 수 있는 개연성이 있기에 누유된 기름이 다른 곳으로 흘러가지 못하도록 한 곳에 모아두는 역할을 하게 된다.

리듀서가 연결되어 있는 매니폴드의 파이프 라인은 육상측 파이프 라인과 연결이 되는데 육상의 파이프 라인도 부두 형식에 따라 그 형태를 달리 하고 있다. 육상에 부두가 형성되어 선박이 접안할 수 있다면 육상측에는 로딩암(loading arm, chicksan arm이라고도 함)이 설비되고, 부두가 형성되어 있지 않고 해상에 SBM(Single Buoy Mooring)이 설치되어 있다면 카고호스(cargo hose)가 육상의 파이프 라인 역할을 수행하게 된다.

〈그림 3-5〉 Loading arm

〈그림 3-6〉 Loading arm 연결모습

〈그림 3-5〉 및 〈그림 3-6〉은 육상에 부두가 형성되어 있어 부두에 설비되어 있는 로딩암과 본선의 파이프 라인이 매니폴드에서 연결되어 있는 그림이다.

〈그림 3-7〉 및 〈그림 3-8〉은 육상에 부두가 형성되어 있지 않아 해상에 SBM을 설치하고 카고호스를 본선의 파이프 라인과 연결한 그림이다.

〈그림 3-9〉는 해상에 설치되어 있는 일반적인 SBM이다.

SBM에 계류하여 하역 작업을 위해 카고호스를 본선에 파이프 라인과 연결하기 위해서는 상당히 어렵고 위험한 작업을 수행하여야 한다. 이를 원활하게 수행하기 위하여 본선의 크레인을 사용하게 된다.

〈그림 3-7〉 카고호스 연결모습

〈그림 3-8〉 해상의 카고호스

〈그림 3-9〉 해상의 SBM

4. 카고호스 취급 크레인

선박에 설비되어 있는 크레인 중에서 선체 중앙 부분에 설치되어 있는(〈그림 3-1〉에서 V) 크레인을 말한다.

카고호스 취급 크레인(cargo hose handling crane)은 다른 용도로도 사용이 가능하지만 일반적으로 화물 적하 · 양하 작업을 위하여 본선의 매니폴드 끝단에 리듀서를 연결시키고, 육상 측의 카고호스를 끌어 올려 본선에 연결할 때 주로 사용한다.

카고호스 취급 크레인을 이용한 육상 측 카고호스와 본선의 파이프 라인을 연결하는 작업은 상당히 어렵고 위험한 작업으로 철저한 준비와 절차가 수립되어 있어야 한다.

〈그림 3-10〉은 카고호스 취급 크레인을 이용하여 육상의 카고호스를 끌어

올린 모습이다. 이렇게 끌어 올린 카고호스를 본선의 파이프 라인에 연결시키게 된다.

〈그림 3-10〉 카고호스 취급 크레인 사용모습

〈그림 3-11〉 STS 작업중 카고호스 취급 크레인 사용모습

〈그림 3-11〉은 일명 선박 간의 화물이송작업(Ship To Ship : STS)이 이루어지고 있는 모습인데 이때도 선박에 설치되어 있는 카고호스 취급 크레인이 사용된다.

5. Vent Riser

선박의 화물 탱크 내의 가스를 필요에 따라 대기 방출하기 위한 장치를 말하며 〈그림 3-1〉에서 VI의 위치에 설치되어 있다.

〈그림 3-12〉는 벤트라이져(vent riser or vent post)의 자세한 모습이다.

〈그림 3-12〉 벤트라이져(vent riser)

〈그림 3-13〉 플레임 어레스터(flame arrester)

앞서 언급한 바와 같이 벤트라이져는 화물 탱크 내의 가스를 대기 방출할 경우에 사용하는 설비로써 탱크 내의 가스를 대기 방출시켜야 하는 경우는 다음과 같이 여러 상황이 있을 수 있다.

① 화물을 선적할 때 : 화물을 선적해야 할 경우는 화물 탱크에 일반적으로 불활성 가스(inert gas)를 채워 두는데 화물이 탱크로 유입이 되면 탱크 내에 불활성 가스를 밖으로 배출시켜야 한다. 이때 가스의 배출이 되지 않는다면 탱크는 팽창하게 되고 최악의 경우는 폭발이 일어날 수 있다. 이러한 연유로 화물이 탱크에 들어온 만큼 탱크 내의 가스는 원활하게 배출되어야 한다. 참고로 과거 탱커선의 탱크 내 가스의 대기 방출은 일반적인 작업의 일환이었지만 대기오염 문제가 대두되면서 최근 많은 국가에서 대기 방출을 금지하여 탱크 내 가스는 화물 작업중에 육상으로 보내어 처리하고 있는 상황이다.

② 탱크 내 압력의 과도한 상승 : 탱크는 화물을 싣고 있을 때에는 화물에서 자연증발이 일어나 가스가 계속적으로 발생하고, 공선상태에는 불활성 가스를 화물 탱크에 주입시켜 항해를 한다. 이러한 상태에서 수온과 기온이 높은 수역을 항해하다 보면 화물 탱크의 압력이 상당히 상승하게 되는데 이때 압력을 하강시키기 위하여 갑판 쿨링(deck cooling)을 하게 된다. 하지만 이러한 갑판 쿨링 작업에도 불구하고 압력상승을 억제할 수 없다면 부득이 하게 화뮬 탱크의 보호를 위하여 인위적으로 탱크 내의 가스를 대기 방출시켜야 하는데 이때 벤트라이져를 개방하여 압력을 해소시킨다.

③ 탱크 내 작업을 위한 퍼징(pursing) 또는 가스 프링(gas freeing) : 일반적으로 화물 탱크 내에 사람이 들어갈 일은 없지만 경우에 따라 하역 작업을 위한 화물 탱크 내에 파이프 라인, 유압 라인, 밸브 및 기타 관련 장치들에 문제가 발생할 수 있는데, 이러한 경우 해당 장비를 수리하지 않고서는 하역 작업을 진행할 수 없을 것이다. 탱크 내에 설비되어 있는 장비를 수리하기 위해서는 부득이 사람이 탱크 내로 진입을 하여야 하는데 앞서 언급한 바와 같이 탱크 내에는 많은 유독성의 가스와 산소농도가 희박하여 사람의 진입이 불가하다하겠다. 사람이 탱크 내로 진입할 수 있는 탱크 내 대기상태를 만들기 위하여 퍼징 및 가스 프링 작업을 하게 되는데 이러한 작업

을 하면서 탱크 내에 가스를 벤트라이저를 통해 대기로 방출하게 된다.

벤트라이저를 통한 탱크 내의 가스 방출을 시행할 경우에 탱크 내의 배출 가스는 유독성의 불활성 가스와 폭발성 가스가 혼합되어 있는 경우가 일반적이기 때문에 이러한 가스가 거주구 쪽으로 유입된다면 선박승무원의 건강에 해로울 것이고, 폭발의 위험성도 있기 때문에 가능한 한 조속히 선박을 조선하여 배출 가스가 거주구 쪽으로 유입되지 않도록 하여야 할 것이다.

〈그림 3-13〉은 플레임 어레스터(flame arrester)라고 하는 것으로 벤트라이저의 상단부 배출부에 삽입되어 있는 것으로 경우에 따라 벤트라이저를 통해 탱크 내에 가스를 방출하다가 여러 원인에 의해 배출 가스에 화재가 발생했을 경우 화재로 인한 불꽃이 파이프 라인을 통해 탱크 내로 진입하지 못하도록 불꽃을 잡아주는 역할을 하는 장치이다. 이러한 플레임 어레스터는 이물질이 묻어 있을 경우 그 역할을 원활하게 수행할 수 없기 때문에 주기적으로 청소를 해주어야 한다.

6. P/V Breaker와 High Velocity

P/V Breaker(Pressure and Vacuum breaker)와 High Velocity는 화물 탱크의 압력을 일정한 적정 압력 범위 내로 유지시켜 주는 안전장치이다(〈그림 3-1〉에서 VII).

〈그림 3-14〉 P/V Breaker

〈그림 3-15〉 High Velocity

화물 탱크는 화물을 싣고 있거나 그렇지 않은 경우에도 내부에는 빈 공간이 항상 존재하고 이러한 공간에는 가스가 일반적으로 채워져 있는 상태이다. 이러한 상태에서 수온 및 기온의 상승 및 하강은 직접적으로 화물 및 빈 공간에 채워져 있는 가스의 압축 및 팽창효과를 가져오게 되고 이로 인하여 화물 탱크의 압력이 상승하거나 하강하게 된다.

화물 탱크의 압력을 조절하기 위하여 여러 가지 방법을 사용하게 되는데 일반적으로 압력이 상승을 하게 되면 앞서 언급한 바와 같이 갑판 쿨링을 통하여 압력이 하강하게 되면 불활성 가스를 불어 넣어 적정 압력을 유지하게 된다.

그런데 이러한 일련의 작업을 수행했음에도 불구하고 또는 급격한 압력상승과 하강이 짧은 시간에 발생했을 경우는 갑판 쿨링이나 불활성 가스의 주입만으로는 압력조절이 불가한 상황이 발생할 수 있는데 이러한 경우 부득이 화물 탱크의 안전을 위하여 이와 같은 장치들이 작동을 하게 된다.

P/V Breaker는 모든 탱크와 연결이 되어 있는 가스 유통 메인 라인에 연결되어 있고, High Velocity는 각 화물 탱크에 1개 이상이 독립적으로 설치되어 있다. 이러한 안전장치들은 일정하게 압력치가 설정되어 있어 설정 압력치를 초과하는 상황이 발생했을 경우 자동으로 작동이 되어 압력을 조절하게 된다.

우선 P/V Breaker의 경우 통상 −700mmAq∼+1800mmAq로, High Velocity는 −350mmAq∼+1400mmAq로 설정되어 있는데 이러한 설정 압력치로 인하여 일차적으로 High Velocity가 작동을 하고 그럼에도 불구하고 압력 조절이 되지 않으면 이차적으로 P/V Breaker가 작동을 하게 된다. P/V Breaker와 High Velocity의 설정 압력치를 보면 알 수 있듯이 이와 같은 장치들은 압력이 높거나 낮을 경우에 모두 작동하게 된다.

P/V Breaker의 경우 내부에 물이 일정 수준 채워져 있어 이러한 물의 비중으로 압력을 지탱하고 있다가 탱크의 압력이 상승하면 내부의 물을 밖으로 밀어내거나 탱크의 압력이 낮아지면 내부의 물을 유입함으로써 탱크의 압력을 조절하게 되는데 이러한 연유로 한번 작동한 P/V Breaker는 다시 사용하기 위해서는 일정한 양의 물을 다시 내부에 채워야 한다.

아울러 물은 증발을 하기 때문에 주기적으로 점검하여 물의 수량을 일정하게 유지하여야 하며, 겨울철이나 추운 지방을 항행할 경우는 내부 물의 동결이 발생할 수 있으므로 부동액을 첨가하여 결빙을 예방하여야 할 것이다. 다만 부동액을 첨가할 경우는 물과 부동액의 비중차이가 있으므로 적절하게 계산하여 P/V Breaker의 수위를 조절해야 한다.

High Velocity의 경우는 압력이 상승했을 경우는 추를 들어 올려 압력이 배출되게 되어 있고, 탱크의 압력이 하강했을 경우는 일정한 무게를 가지고 있는 닫힘판이 상대적인 대기압에 의하여 들어 올려져 공기가 탱크로 유입되어 압력을 조절하게 된다. 이러한 High Velocity는 P/V Breaker와는 달리 정비만 잘 이루어진다면 반영구적으로 사용이 가능하다 하겠다. High Velocity에 설치되어 있는 추나 닫힘판이 고착될 수 있으므로 주기적으로 Free-up을 시켜주어야 한다.

아울러 P/V breaker나 High velocity는 탱크의 압력을 부득이 하게 조절하기 위하여 작동되는 장비로 압력이 높을 경우 작동되어 탱크의 가스가 배출된다는 것은 유독성의 가스나 폭발성의 가스가 배출된다는 점과 반대로 압력이 하강하여 같은 장치가 작동하여 바깥의 공기가 탱크 내로 유입된다는 것은 산소농도가 높은 공기를 폭발가능성이 있는 화물 탱크 내로 유입시키게 된다는 점을 인식하고 있어야 하며 이러한 장치들이 작동되기 전에 예방적 조치들이 적절이 이루어져야 함을 명심하여야 한다.

7. COW 장치

COW 장치(Crude Oil Washing machine)는 원유세정장치(〈그림 3-1〉에서 VIII)를 말하는 것으로 이와 같은 장치는 각 화물 탱크의 상부 갑판상에 1개 이상이 설치되어 있다.

〈그림 3-16〉 COW 장치

〈그림 3-17〉 COW 장치 Overhaul

COW 장치는 원유를 싣고 다니는 선박에서 싣고 온 화물을 본선의 펌프를 이용하여 육상으로 양하할 경우에 원유 자체에는 많은 이물질과 찌꺼기 등이 섞여 있는데, 이러한 것들을 제거하지 않으면 장기적으로 누적되어 추후 화물을 선적할 때 공간을 많이 차지하게 되어 운송손실을 가져오기 때문에 가능하면 양하 시에 싣고 온 화물과 같이 육상으로 보내야 하는데, 이때 COW 장치를 작동시켜 싣고 온 화물의 일부를 동 장치로 보내 강한 압력으로 분사하여 이물질과 찌꺼기가 화물과 같이 섞여 배출될 수 있도록 하게 된다.

갑판상에 설치되어 있는 이러한 COW 장치의 하부, 즉 화물 탱크 내에는 갑판상의 COW 장치에 연결된 노즐이 설치되어 있는데 이러한 노즐을 통하여 강한 압력을 형성하게 되고, 또한 노즐은 360° 회전과 더불어 상하로 움직일 수 있게 설비되어 있어 화물 탱크의 전면으로 화물을 분사시킬 수 있다(〈그림 3-18〉 참조).

〈그림 3-18〉 COW 장치에 설치되어 있는 노즐

8. Deck Water Seal

Deck Water Seal 장치는 일반적으로 갑판상의 거주부 전면부에 설치되어 있다. 이러한 장치는 화물 탱크와 불활성 가스를 공급하는 장치 사이에 위치하게 된다. Deck Water Seal은 말 그대로 갑판상에서 물을 이용하여 봉쇄(봉입)를 하는 장치인데 불활성 가스를 공급장치로부터 각 화물 탱크로 공급한 후에 경우에 따라 화물 탱크 내에 가스가 역류하여 불활성 가스 공급장치가 설비된 장소로 유입되는 것을 차단하는 역할을 하게 된다.

〈그림 3-19〉 Deck Water Seal

9. Hatch Cover

Hatch Cover란 화물창의 덮개를 의미하는 것으로 탱커의 경우는 일반적인 벌크선과는 달리 화물창의 덮개를 열어 화물을 적하 · 양하하지 않고 펌프와 파이프 라인을 통해 이루어지기 때문에 Hatch Cover가 필요 없을 것으로 판단되지만 탱커에 설치되어 있는 Hatch Cover는 화물 적하 · 양하에 이용하기 위해 설치해둔 것이 아니라 필요에 따라 화물 탱크 내에 진입하려고 할 경우에 통로 역할을 하게 된다.

아울러 앞서 언급했던 탱크 내에 부득이 진입을 하기 위하여 진입환경을 만들기 위해 퍼징이나 가스 프링 등을 하여야 하는데 이때에도 필요에 따라서는 가스 배출구의 역할을 할 수도 있다.

탱커에 설치되어 있는 Hatch Cover는 다만 화물 탱크를 위해서만 설치된 것은 아니고 밸러스트 탱크용으로도 설치되어 있다.

〈그림 3-20〉 Hatch Cover

10. Sounding Cock

Sounding Cock는 말 그대로 수심을 측정하기 위하여 Sounding Pipe의 갑판상에 덮개를 말한다. 이러한 Sounding Cock를 개방하여 Sounding Tape 등으로 탱크 내에 선적되어 있는 액체 물질의 수심을 측정하게 된다.

Sounding Cock는 거의 대다수의 밀폐된 장소에 설치되어 있는데 대표적인 밀폐장소로는 화물 탱크, 밸리스트 탱크, 청수 탱크 및 연료 탱크 등이 있다.

〈그림 3-21〉 Sounding Cock

하지만 화물 탱크에 설치되어 있는 Sounding Cock는 다른 밀폐장소에 설치되어 있는 형태와는 다소 다른데, 〈그림 3-21〉에서 알 수 있듯이 Cock 하단부에 밸브가 설치되어 있다. 이러한 밸브는 화물 탱크의 Sounding을 시행할 경우에 과도한 가스가 유출되는 것을 막기 위해서 설치된 것이다.

11. 비상 예인장치

해상에서의 인명안전에 관한 협약(Safety Of Life At Sea : SOLAS)에서는 2만 DWT 이상의 탱커선에서는 선수 및 선미부에 비상 예인장치를 설비하도록 규정하고 있다. 이러한 비상 예인장치 중에 선수부의 장비는 〈그림 3-22〉에서 보는 바와 같이 선박이 타선박에 의해 예인될 때에 사용될 수 있도록 설비들이 구성되어 있다.

그 구성을 살펴보면 타선박에서 내어주는 예인선과 본선의 라인을 연결시킬 수 있도록 일정한 길이의 체인을 비치하고 있고, 예인선과 본선의 체인이 연결된 후에 체인을 본선에 고정시킬 수 있는 체인 스톱퍼(chain stopper / tongue type)가 선수부에 설치되어 있다.

〈그림 3-22〉 선수부 비상 예인장치

선미부에 설치되어 있는 비상 예인장치는 본선이 타선을 예인할 수 있는 장비를 구축하고 있다.

그 구성은 크게 본선의 긴 예인선을 격납하고 내어줄 수 있는 예인선 윈치 및 드럼, 본선에서 내어주는 예인선이 와이어 재질로 되어 있기 때문에 이를 내어 주었을 때에 물에 가라앉기 때문에 타선에서 예인선을 식별하고 끌어 올릴 수 있도록 물에 뜰 수 있는 재질의 합성 로프와 부이가 같이 예인선의 끝단에 연결되어 있고, 야간에도 식별을 용이하게 하기 위하여 부이에는 자기점화등이 부착되어 있다.

이러한 비상 예인장치들은 그 구성징비들에시 알 수 있듯이 운용하기가 쉽지 않기 때문에 철저하게 사용법을 숙지하고 사용하여야 할 것이다.

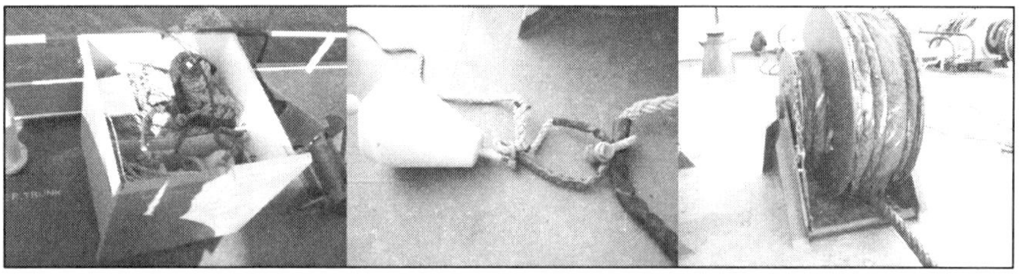

〈그림 3-23〉 선미부 비상 예인장치

12. 선수부까지의 안전통로

해상에서의 인명안전에 관한 협약(SOLAS)에서는 탱커선의 경우 악천후에서도 선원이 선수까지 안전하게 접근할 수 있도록 설비를 구축하도록 규정하고 있다.

이러한 이유로 〈그림 3-24〉에서처럼 통로의 양쪽에 핸드레일이 설치되어 있는 안전통로가 선수까지 설치되어 있다. 아울러 안전통로 중간중간에는 잠시 피난할 수 있는 셸터(shelter)가 설치되어 있다.

〈그림 3-24〉 선수 접근 안전통로

02 펌프룸 설비

탱커선에서는 화물의 적하 · 양하 작업을 하기 위하여 많은 장비들이 필요한데 그 중에서도 펌프는 화물작업에 없어서는 아니 될 장비로 관련 많은 펌프들이 필요하게 되는데 이러한 펌프들이 설비되어 있는 장소가 펌프룸(pump room)이다.

일반적으로 대다수의 선박들도 많은 펌프들을 설비하고 있는데 이러한 펌프들은 통상 기관실에 기관설비들과 같이 설치되어 있지만 탱커선의 경우는 화물작업과 관련되어 있는 펌프들만 별도의 장소에 설치하고 있다.

펌프룸에 설치되어 있는 대표적인 펌프로 화물 펌프, 밸러스트 펌프, 스트립핑 펌프 및 진공 펌프 등이 있다. 펌프룸에는 화물작업에 사용되는 많은 관련 장비들이 설치되어 있는데 히터, ODME 샘플링 장치 및 각종 밸브들이 설치되어 있다.

1. 화물 펌프

화물 펌프(cargo pump)는 화물을 이송하기 위한 장치로 탱커선이 선적항에서 싣고 온 화물을 양하항에서 화물을 유상으로 이송하고자 할 경우에 본선에 설치된 화물 펌프를 이용하게 된다.

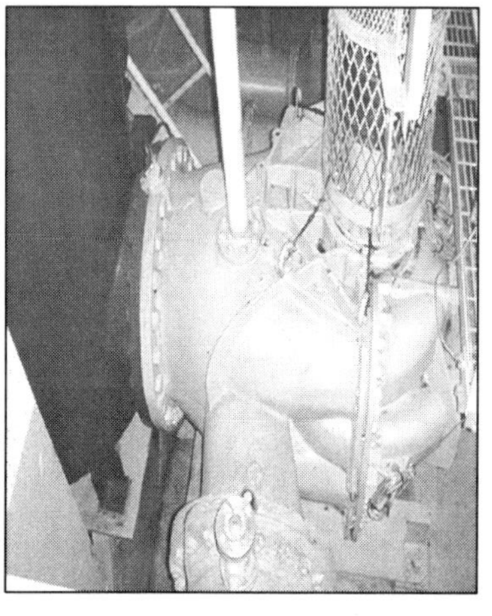

〈그림 3-25〉 화물 펌프

일반적으로 원유를 운송하는 선박에는 3대의 화물 펌프가 설치되어 있고 이러한 펌프에 힘을 제공하는 모터 펌프는 기관실에 설비되어 있다. 기관실에 설치되어 있는 모터 펌프는 일반적으로 터빈(turbine) 모터이다. 화물 펌프와 기관실에 설치되어 있는 모터와는 긴 축(shaft)으로 연결이 되어 있다. 터빈 모터는 증기의 힘으로 기동되기 때문에 증기의 공급량을 조절하면 모터의 회전력이 조절되고 이에 연결되어 있는 화물 펌프의 힘도 조절이 가능하게 된다.

화물 펌프 주변으로는 각종 밸브와 스트레이너(strainer 또는 storage tank라고도 함)가 설치되어 있는데, 밸브들은 화물 펌프를 경유하여 화물을 양하할 경우에 적절하게 이동경로를 확보하거나 토출량을 조절하기 위하여 설치되어 있다.

스트레이너는 양하 작업중에 화물 탱크의 수두가 점점 낮아져 화물 펌프쪽으로 유입되는 화물의 양이 줄어들면 갑자기 화물 탱크에서 기포가 흡입될 수 있어, 이럴 경우 펌프의 엠펠러에 손상을 주거나 많은 양의 기포가 흡입되면 펌프가 고속 회전을 하면서 정지(trip ; 트립)되는 경우가 발생할 수 있는데, 이러한 화물 펌프로의 기포 유입을 막기 위하여 화물 펌프와 화물 탱크 중간에 일정한 양의 화물이 저장되어 있도록 하여 화물 펌프쪽으로 직접적으로 기포의 유입을 막아주는 역할을 하는 탱크를 말한다.

2. Ballast(선박 평형수) Pump

〈그림 3-26〉 밸러스트 펌프(ballast pump)

밸러스트 펌프(ballast pump)는 선박의 일정한 감항성을 유지하기 위하여 이용되는 밸러스트수를 선박에 싣거나 배출하는데 사용하기 위하여 선박에 설치된 펌프이다. 통상 선박에 설치된 밸러스트의 펌프는 2대가 일반적이고, 이러한 펌프에 힘을 전달하는 장치인 모터는 상기의 화물 펌프와 같이 기관실에 설치된 모터에서 얻게 된다.

밸러스트용 모터는 화물 펌프와 같이 터빈 모터를 사용하는 경우도 있지만 전기 모터를 이용하는 경우도 있다. 터빈 모터의 경우는 증기의 양을 조절하여 회전 속도를 조절할 수 있는 장점이 있는 반면, 증기를 생산하기 위해 보일러를 기동해야 하는 번거로움이 있다. 진기 모터의 경우는 모터의 회전속도를 조절할 수 없는 단점이 있지만 보일러와 같은 장치의 기동을 동반하지 않고 발전기만 기동되고 있다면 언제든지 작동시킬 수 있다는 장점이 있다. 이러한 밸러스트 펌프는 필요에 따라 다른 연결 장치만 있다면 빌지 배출 펌프로도 사용이 가능하다.

3. Stripping Pump

스트립핑 펌프(stripping pump)는 여러 형태의 펌프가 있지만 탱커선의 특성상 왕복동 운송을 하는 형태의 펌프가 일반적이다.

〈그림 3-27〉 스트립핑 펌프

스트립핑 펌프의 용량은 소형이고, 그 역할은 화물 펌프를 이용하여 화물을 양하할 경우에 앞서 언급한 바와 같이 화물 탱크의 화물량이 감소하면 기포가 화물 펌프로 유입되어 펌프에 악영향을 미칠 수 있기에, 화물 펌프로 화물을 양하할 수 있을 만큼 화물을 양하하고, 남은 소량의 잔량을 양하하는데 사용된다.

아울러 스트립핑 펌프는 화물 탱크로부터의 양하를 완료한 후에 화물 펌프나 각종 화물 양하 관련 파이프 라인에 남아 있는 화물을 흡입하여 육상으로 보내는 역할도 한다. 스트립핑 펌프는 그 용량이 크지 않기 때문에 양하 작업을 수행할 때 가능하면 용량이 큰 화물 펌프로 많은 양의 화물을 양하하는 것이 양하 시간을 단축시킬 수 있는 방법이다.

4. 진공 펌프

진공 펌프(vacuum pump)는 펌프룸에 설치되어 있는 여러 펌프 중에 하나이고, 말 그대로 어떠한 특정한 곳에 진공을 형성시켜 주기 위해 사용되는 펌프이다. 진공 펌프를 이용하여 진공의 형성이 필요한 부분은 화물 펌프와 화물 탱크 사이에는 스트레이너가 설치되어 있다고 언급한 바가 있는데 이러한 스트레이너 내부의 빈 공간이 된다.

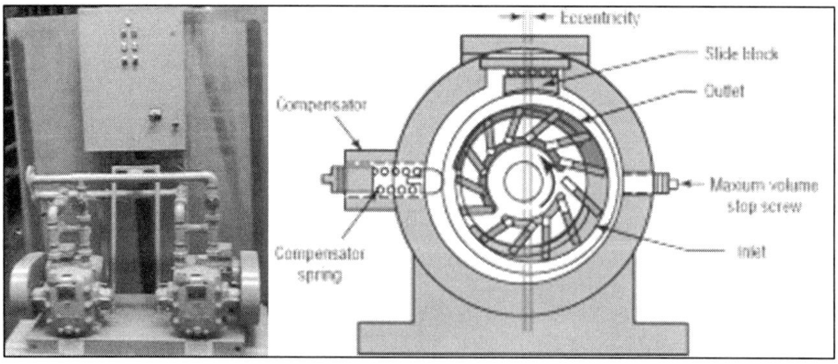

〈그림 3-28〉 진공 펌프 모습 및 구조 도면

화물 양하 작업중에 스트레이너의 역할은 화물 펌프로 화물 탱크로부터의 기포의 유입을 막는 역할을 한다고 언급한 바 있는데, 이러한 스트레이너 내부의 화물도 화물 탱크 내의 화물량이 감소함에 따라 자연히 감소하게 되어 빈 공간이 조금씩 생기게 된다.

이때에 빈 공간에 존재하는 기체를 진공 펌프로 강제로 뽑아내어 진공상태를 만들어 주면 자연스럽게 이를 보상해 주려는 힘이 발생을 하게 되는데, 이러한 힘이 화물 탱크로부터 화물을 더 유입하여 스트레이너 내부의 화물량을 보충하게 함으로써 화물 펌프로 기포의 유입을 차단하게 된다.

5. Ejector

탱커선에서 스트립핑 펌프와 유사한 역할을 수행하는 장치이다. 벤튜리(venturi)관의 원리를 이용한 것으로 화물 펌프나 스트립핑 펌프로 화물을 양하하면서 일부의 화물을 이젝터 쪽으로 보내 벤튜리관 원리에 의해 화물 잔량을 육상으로 양하하게 된다.

이러한 이젝터(ejector or eductor)는 화물 관련 파이프 라인에만 설치되어 있는 것이 아니라, 밸러스트 라인에도 설치가 되어 있어 밸러스트수를 배출할 때 마지막 단계에서 밸러스트 탱크 내의 밸러스트수 잔량을 배출시킬 때도 사용된다. 아울러 다른 유류 물질을 취급하는 각종 파이프 라인에도 설치되어 사용되는데 대표적인 것으로 빌지웰(bilge well)에 빌지가 모여 있을 때에 이를 배출하는데도 사용된다.

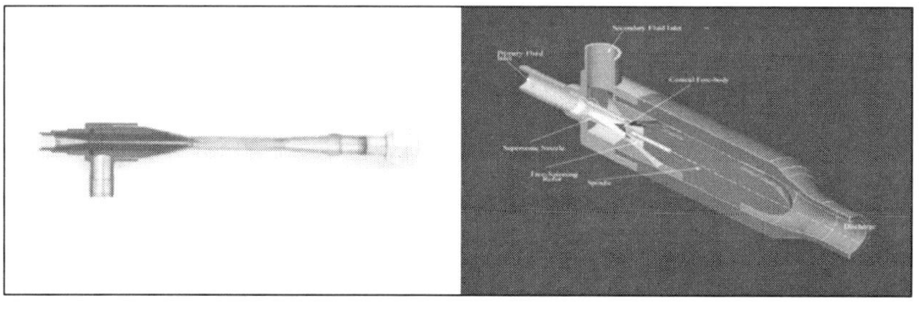

〈그림 3-29〉 Ejector(or eductor)

6. 히 터

펌프룸에서 스팀으로 열을 전달해주는 히터(heater)가 설치되어 있다. 이러한 히터는 주로 원유세정을 하거나 화물 탱크의 진입을 위해 필요에 따라 탱크 클리닝(cleaning)을 하고자 할 때 사용하게 된다.

우선 원유세정(Crude Oil Washing : COW) 시에 히터의 역할을 알아보면 원유는 아주 여러 종류가 있는데, 일반적으로 점도가 높고 이물질이 많이 섞여 있는 것이 특징이다. 이러한 원유를 선박에 싣고 양하항에서 양하작업을 수행하게 되면 원유 특성 때문에 많은 찌꺼기(residues)가 남게 되는데 이러한 찌꺼기를 원유와 함께 양하하지 않으면 장기적으로 화물양하량 감소, 화물적하량 감소 및 배의 무게 가중 등 많은 악영향을 미치게 된다.

가능한 모든 찌꺼기를 육상으로 양하하여야 하는데 이때 원활하게 찌꺼기를 양하하기 위하여 원유세정을 하게 된다고 원유세정장치를 설명하는 부분에서 언급한 바가 있다. 이 때 원유세정장치로 보내는 원유에 열을 가하게 되면 보다 원유세정의 효과가 높아지게 되는데 히터가 그러한 역할을 하게 된다.

또 다른 히터의 역할은 원유세정에서의 역할과 유사하게 탱커선에서는 필요에 따라 화물 탱크에 사람이 진입하여 작업을 해야 하는 경우가 발생을 한다고 설명한 바가 있다. 이때 기름이 잔재해 있는 화물 탱크는 해수를 이용하

〈그림 3-30〉 Heater Overhaul

여 원유세정장치를 통해 탱크 클리닝을 하게 되는데 이때에도 해수를 원유세정장치로 보내는 과정에서 히터를 통과시켜 열을 가하면 화물 탱크의 클리닝 효과가 향상하게 된다.

7. 기름배출 감시장치-샘플링 장치

선박에서는 기름을 배출한다는 것은 해양오염에 유발한다는 것과 같기 때문에 기름의 선외 유출은 철저하게 금지되어야 하며, 이를 국제적으로 규율하게 위하어 MARPOL 73/78 협약이 채택, 발효되었고, 국내적으로는 해양환경관리법이 제정되어 있다.

하지만 기름을 싣고 다니는 선박은 그 특성상 필요에 따라서는 부득이 하게 기름이 섞인 물을 해상에 배출하지 않으면 아니되는 경우가 있는데 이러한 상황을 고려하여 국제협약이나 국내법에서도 엄격한 조건을 정해 해당 조건을 충족하는 상태에서는 기름이 섞인 물을 해상에 배출할 수 있도록 허용하고 있다.

선박에서 기름이 섞인 물이 발생할 수 있는 경우를 우선 생각해 본다면 앞서 몇 차례 언급한 바와 같이 필요에 따라 사람이 화물 탱크에 진입을 해야 하는데 사람이 화물 탱크에 진입하기 위해서는 화물 탱크 클리닝은 해수를 이용하여 실시해야 하는데 이때 탱크 클리닝을 위해 사용한 해수는 화물 탱크에

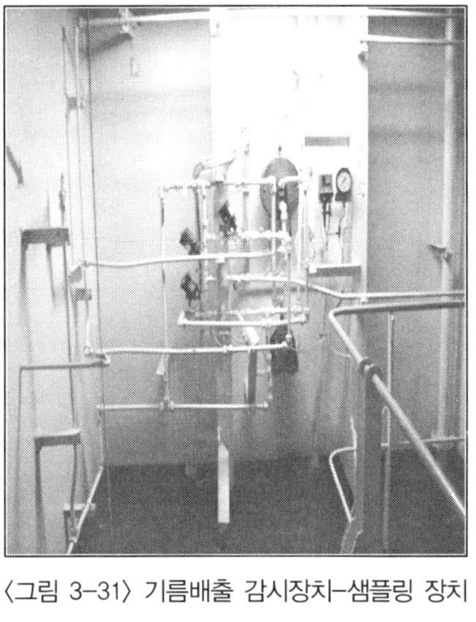

〈그림 3-31〉 기름배출 감시장치-샘플링 장치

남아 있던 화물 잔존물과 희석되게 된다. 이렇게 기름과 희석된 해수는 선외를 배출하게 되면 엄청난 해양오염을 유발하기 때문에 일정한 장소에 모아두게 된다.

탱크 클리닝을 하고 기름이 섞인 물을 모아두는 장소를 슬롭 탱크(slot tank)라고 하는데 이러한 슬롭 탱크도 화물 탱크 중의 하나이다. 그런데 슬롭 탱크에 탱크 클리닝을 하고 생성된 물을 모두 모으게 되면 그 양이 상당한데 이는 다시 말하면 화물을 그만큼 선적할 수 없다는 말과 같다하겠다. 이러한 결과로 슬롭 탱크에 있는 기름 섞인 물을 그대로 둘 수 없는바, 선외로 배출하게 되는데 앞서 언급한 바와 같이 기름 섞인 물을 선외로 배출하면 해양오염이기 때문에 엄격한 조건을 충족시킨 상태에서 배출할 수밖에 없다.

슬롭 탱크 내에 기름 섞인 물을 배출할 수 있는 일반적인 방법을 간단히 살펴보면 탱크 클리닝을 하고, 슬롭 탱크에 모인 물은 시간이 지나면 자연스럽게 물과 기름의 비중 차이에 의하여 분리가 되게 되는데, 당연히 물은 가라앉고 기름을 물위로 뜨게 된다. 이러한 상태가 유지가 되면 슬롭 탱크 하부에 모인 물만 배출하면 되는데 물과 기름이 정확하게 비중차이에 의해 선을 긋듯이 나눠지면 좋겠지만, 실질적으로 물과 기름이 분리가 되는 부분에서는 다소 희석된 부분이 존재하게 되는데, 이러한 부분은 기름의 농도가 높기 때문에 배출 시에는 이러한 부분이 배출되지 않도록 물만 있는 부분만을 배출하여야 한다.

결론적으로 슬롭 탱크에 일정한 시간에 물과 기름이 분리되도록 둔 후에 기름과 물이 분리가 되면 슬롭 탱크 하부에 모인 물만 배출하고 앞서 언급한 바와 같이 물과 기름이 섞여 있는 부분이 배출되지 않도록 조치를 취하여야 하는데, 슬롭 탱크 내에서 직접적으로 이러한 희석 부분에 도달했는지 또는 배출되는지를 확인할 수 있는 방법이 없기 때문에 이때에 기름배출 감시장치가 이용되게 된다.

기름배출 감시장치는 기름 섞인 물을 배출할 수 있는 선외변 파이프 라인상에 〈그림 3-31〉에서 보는 것처럼 샘플링 장치(sampling device)를 설치하여 배출되는 기름 섞인 물을 계속적으로 샘플링하여 기름의 농도를 검사하고 일정 이상의 농도가 측정되면 자동으로 선회변 파이프 라인상에 설치된 밸브를 차단하여 더 이상 기름 섞인 물이 선외로 배출되지 아니하도록 한다.

이처럼 기름 섞인 물이 배출되는 선외변 파이프 라인상에 주기적인 샘플링하기 위한 장치가 기름배출 감시장치-샘플링 장치(ODME-Sampling Device / Oil Discharge Monitoring Equipment-Sampling Device)이고 펌프룸에 설치되어 있다.

03 화물통제실 설비

탱커선에서는 화물의 적하 · 양하 작업을 하는데 필요한 모든 장치들을 통제할 수 있는 통제실이 별도로 마련되어 있는데 이러한 장소를 화물통제실(cargo control room or cargo operation center)이라고 한다. 이러한 화물통제실에서는 각종 펌프 및 밸브들을 통제하고, 화물 탱크의 화물량 계산 및 감시 그리고 불활성 가스의 통제 등을 할 수 있다.

화물통제실에 설치되어 있는 주요 장비들로는 화물 펌프 및 밸브 통제장치, 화물 탱크 수위 게이지(gauge), 화물량 계산장치 및 불활성 가스 통제장치 등이 있다.

〈그림 3-32〉 탱커선의 화물통제실

1. 화물 탱크 수위 게이지

화물통제실에는 화물 탱크의 수위를 한 눈에 알아 볼 수 있도록 화물 탱크 수위 게이지(tank level gauge)가 설치되어 있다. 이러한 게이지의 수치는 나중에 언급할 화물량을 계산할 때에 계산장치로 데이터를 보내주는 역할을 하며, 또한 탱커선의 경우 화물을 가능하면 화물 탱크에 가득 채울 때까지 화물을 선적하기 때문에 자칫 잘못하면 화물이 과적되어 넘치는 경우가 발생하고,

이런 경우 대량의 해양오염 사고가 발생할 수 있는 바 시각적으로 화물의 높이를 확인할 수 있는 장치와 더불어 일정 높이 이상 화물이 선적되면 경고음을 발하는 장치가 설치되어 있어 운용자에게 안전한 화물선적을 할 수 있도록 정보를 제공하는 역할을 한다.

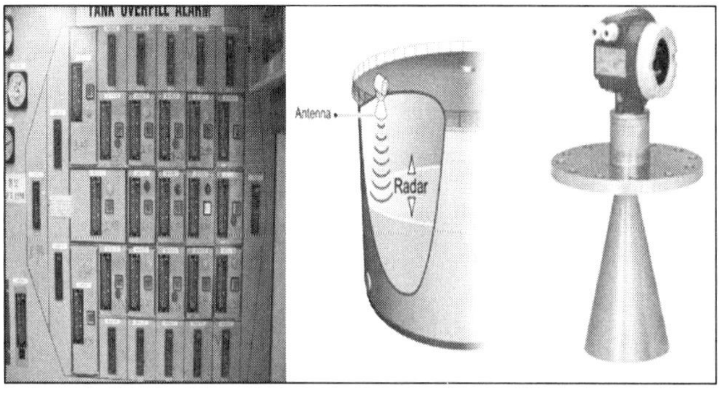

〈그림 3-33〉 Tank Level Gauge

화물 탱크 수위 게이지상에서 표시되는 수치는 일반적으로 두 가지로 나눠지는데 통상 탱크 내의 액체 물질의 수위는 탱크의 바닥에서 수위를 측정하여 표시하게 되는데 기름을 싣고 다니는 탱커선의 화물 탱크 수위 게이지도 동일하게 표시를 해주지만 아울러 반대로 화물 탱크 상부면에서 화물의 표면까지, 즉 화물이 선적되어 있지 않은 화물 탱크의 빈 공간의 높이를 표시하여 주기도 하는데 이러한 빈 공간의 높이를 'Ullage'라고 한다. 이러한 'Ullage'는 일반적으로 화물을 선적할 때에 많이 사용되는데 화물 탱크의 높이를 바닥으로부터 잰다면 정수 두 자리에 소숫점 두 자리(ex. 23.57mtrs)로 표시될 것이다.

그런데 탱커선의 화물 선적은 화물을 화물 탱크에 거의 가득 채울 때까지 선적을 하기 때문에 이러한 숫자들의 표시가 여러 탱크에 표시가 된다면, 운영자는 다소 신경이 많이 쓰일 수 있기 때문에 이럴 경우 선적하고자 하는 화물 탱크의 수위를 바닥으로부터 읽지 않고 남은 공간의 높이(Ullage)를 주지 한다면 남은 공간의 높이는 실려 있는 높이의 숫자보다는 훨씬 단순하기 때문에 식별하기가 상당히 용이하다. 이러한 연유로 선적 작업 시에 Ullage의 수치를 많이 활용하게 된다.

〈그림 3-33〉에서 오른쪽에 보이는 그림은 선박에 설치되어 있는 Ullage를

측정할 수 있는 장치의 작동원리를 보여주는 것으로써 선박에 설치되어 있는 레이더와 같은 원리를 이용하여 Ullage를 측정할 수 있는 장비를 보여주고 있다.

2. 펌프 및 밸브 통제장치

화물통제실에는 화물 적하 · 양하 작업에 사용되는 각종 펌프와 밸브를 통제할 수 있는 장치가 설비되어 있다. 실질적으로 화물작업에 있어 펌프와 밸브가 가장 중요한 자리를 차지하고 있다고 해도 과언이 아닌데, 이러한 펌프와 밸브의 적절한 통제가 이루어지지 않는다면 원활한 하역작업이 이루어지지 않거나 사고가 발생할 수 있기 때문에 상당한 주의와 전문적인 기술을 가지고 운용되어야 할 것이다.

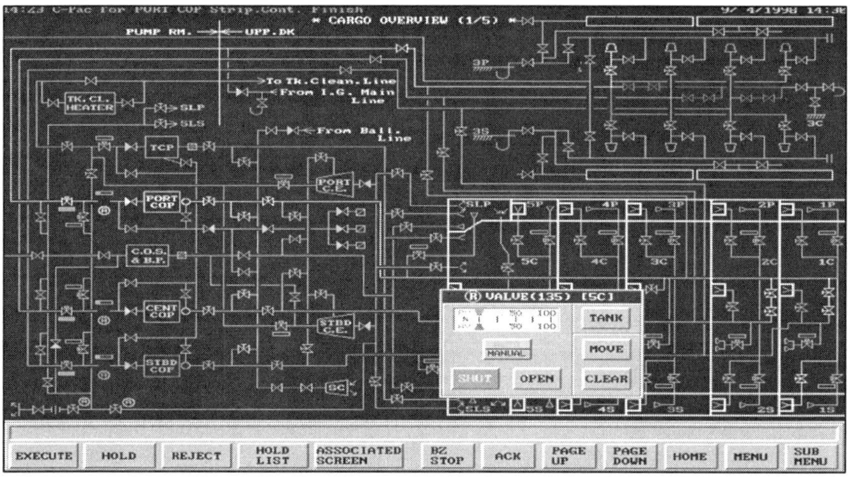

〈그림 3-34〉 펌프 및 밸브 통제장치

탱커선에서 화물 펌프와 밸브들을 통제할 수 있는 방법으로 초창기에 현장에서 직접 펌프와 밸브들을 작동하였으나, 기술이 점점 발전하면서 일명 Mimic Board 형태의 통제설비가 화물통제실에 설치되어 이를 통하여 펌프와 밸브들을 통제할 수 있게 되었고, 최근에 들어서는 컴퓨터 베이스에 통제장치가 개발되어 컴퓨터 프로그램에 의해 펌프와 밸브들을 통제하고 있다. 〈그림 3-34〉는 최근에 탱커선에 설치되어 있는 펌프와 밸브의 통제장치로 컴퓨터 베이스의 통제장치이다.

3. 기름배출 감시장치

기름배출 감시장치(Oil Discharge Monitoring Equipment : ODME)에 관한 자세한 사항은 앞서 기름배출 감시장치-샘플링 장치에서 언급하였다. 화물통제실에 설치되어 있는 기름배출 감시장치는 기름 섞인 물을 배출하고자 할 경우 작동시켜야 하는 장치로 기름배출 감시장치-샘플링 장치에서 샘플링하여 측정한 기름의 농도를 표시하고 기록하여 주는 장치이다.

이 장치를 통해 현재의 배출되는 기름 섞인 물의 기름농도 및 현재의 배출 상태를 확인할 수 있고, 아울러 과거의 배출자료도 확인할 수 있다.

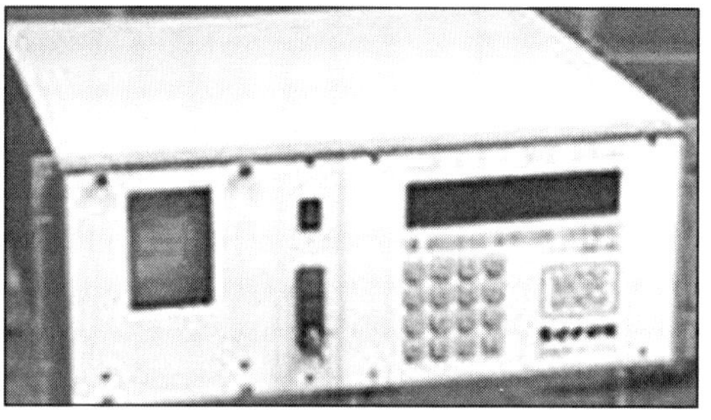

〈그림 3-35〉 기름배출 감시장치

4. 불활성 가스 장치

선박에서 불활성 가스는 여러 방면에서 많이 사용되기 때문에 이러한 불활성 가스를 공급할 수 있는 설비가 마련되어 있어야 한다.

불활성 가스는 선박에서 통상 화물작업을 할 때 가장 많이 사용하게 되는데 우선 화물 양하작업을 할 경우 화물 탱크 내에 화물을 육상으로 이송하게 되면 화물 탱크 내에는 빈 공간이 생기는데, 이러한 빈 공간에 다른 기체를 채우지 않으면 탱크는 압력저하를 가져올 것이고, 최악의 경우는 화물 탱크가 수축하여 찌그러지는 경우도 발생할 수 있기에 이때 폭발이 일어나지 않는 불활성 가스를 화물이 이송됨으로써 생긴 화물 탱크의 빈 공간에 공급하여 채워주게 된다.

또한 화물을 싣고자 할 경우 탱커선의 화물 탱크는 비워 있을 것이다. 이때

비워 있는 화물 탱크에 산소농도가 일정 이상 존재하는 상태에서 화물을 선적하게 되면 폭발할 수 있는 위험성이 있기 때문에 선적에 앞서 불활성 가스로 화물 탱크 내의 가스를 치환하여 산소농도를 낮추게 되는데 이처럼 화물 선적에 앞서서 화물 탱크에도 불활성 가스를 채워야 한다.

아울러 화물 탱크에 필요에 따라 진입을 하고자 할 경우 탱크 클리닝 후에 공기를 주입하기 전에 불활성 가스로 먼저 치환하고 이후 공기를 불어 넣게 되는데 이러할 경우에도 불활성 가스가 사용하게 되고, 항해중에 화물 탱크의 압력이 여러 원인으로 인하여 떨어지는 경우도 이를 보상해 주기 위하여 불활성 가스를 공급하게 된다.

불활성 가스 공급장치는 크게 선박의 운항중에 발생하는 배출 가스를 사용하는 방법과 인위적으로 불활성 가스 재생기를 작동하여 발생한 가스를 사용하는 방식으로 나눌 수 있다.

선박의 운항중에 발생되는 배출 가스는 여러 가지 이물질과 독성물질들이 많이 함유되어 있는데 이는 선박이 사용하는 연료의 질이 좋지 않을 결과라 할 수 있다. 반면 불활성 가스 재생기를 통해 얻어내는 불활성 가스의 경우는 재생기에 사용하는 연료류가 디젤과 같은 다소 정제된 기름을 사용하기 때문에 배출되는 불활성 가스는 앞서 언급한 선박의 운항중에 발생하는 배출 가스에 비해서는 상당히 깨끗한 가스라 할 수 있다.

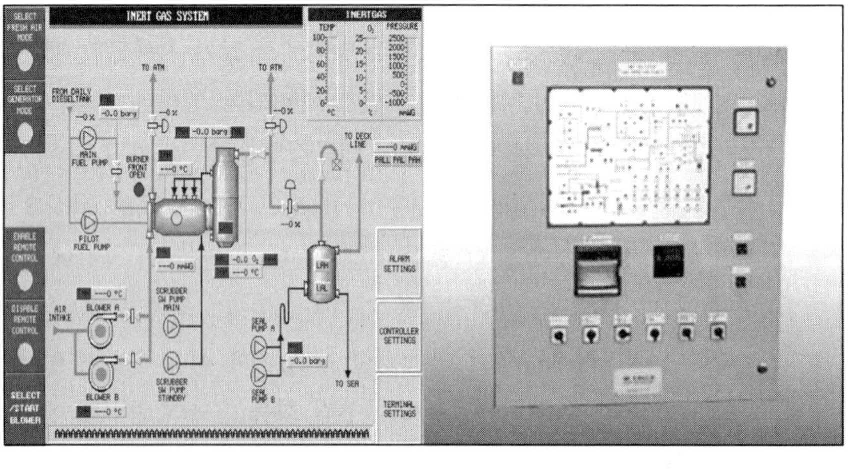

〈그림 3-36〉 불활성 가스 통제장치

이러한 두 가지 방식은 탱커선이 운반하는 화물의 종류에 따라 선택적으로 설비되는데 화물 자체가 다소 오염에 크게 영향을 받지 않는 원유 같은 경우는 선박의 운항중에 발생하는 배출 가스를 불활성 가스로 이용하는 방식을 채택할 것이고, 정제유나 화학제품 같은 화물을 싣고 다니는 선박에서는 화물의 오염에 민감하기 때문에 이런 경우는 불활성 가스 재생기에서 발생하는 배출 가스를 활용하는 방식을 채택하게 된다.

불활성 가스 공급장치는 불활성 가스를 발생시키는 부분(선박의 운항으로 발생되는 배출부, 일반적으로 정박중에는 보일러를 기동하여 발생하는 배출 가스를 이용하게 된다. 불활성 가스 재생기(IG Generator)의 경우는 재생기), 세정기(scrubber) 및 블로워(blower)로 구성되어 있고, 이를 통제할 수 있는 불활성 가스 통제 장치는 화물통제실에 설치되어 있다.

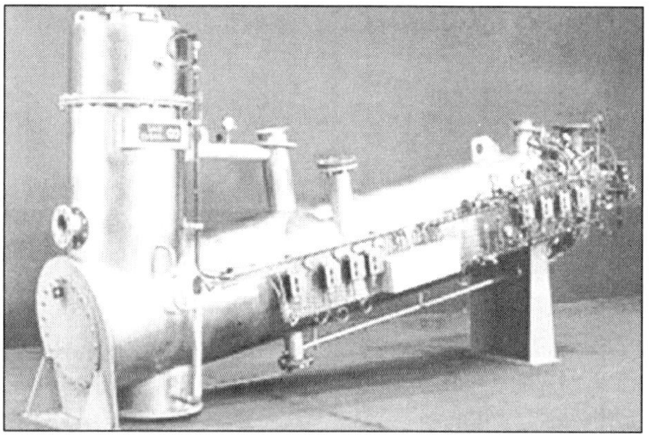

〈그림 3-37〉 불활성 가스 재생기

불활성 가스 공급장치의 주요 구성설비들에 관하여 간단히 살펴보기로 하자. 우선 불활성 가스를 발생시키는 부분에서 불활성 가스가 생성되었을 때에 불활성 가스에는 많은 이물질을 함유하고 고온의 상태일 것이다.

세정기는 고온의 이물질이 많이 섞인 상태의 불활성 가스를 화물 탱크로 바로 보내게 되면 화물의 오염이 발생할 수 있기 때문에 불활성 가스의 냉각 및 이물질을 제거시켜주는 기능을 수행한다.

세정기의 내부에는 해수 또는 청수를 분사하는 장치가 설치되어 있어 불활성 가스가 이러한 분사장치를 통과하게 되면 냉각이 되고, 해수나 청수에 이

물질이 녹거나 희석됨으로써 불활성 가스 자체에서는 이물질이 상당부분 제거된다.

하지만 불활성 가스가 해수나 청수의 분사장치를 통과하기 때문에 불활성 가스 자체는 상당히 습기를 포함하게 되는데 이러한 습한 불활성 가스를 선박의 여러 부분으로 공급할 경우 선박의 거의 모든 부분이 철재로 이루어졌다는 점을 감안할 때 상당한 부식을 일으킬 것이다.

이에 세정기 내부에는 냉각 및 이물질이 제거된 습한 불활성 가스의 습기 제거를 위하여 습기 제거장치(일명, demister)가 함께 설치되어 있어 불활성 가스에서 습기를 제거시킨 아주 건조한 불활성 가스를 만들어 낼 수 있게 된다.

〈그림 3-38〉 세정기

다음으로 블로워에 관하여 간단히 기능을 살펴보면 앞서 언급한 바와 같이 세정기를 거쳐 냉각, 이물질 제거 및 건조된 상태의 불활성 가스가 생성되면 이러한 불활성 가스를 화물 탱크까지 보내야 하는데, 이러한 화물 탱크까지 강한 힘으로 불활성 가스를 불어내어 공급하는 역할을 하게 된다.

블로워는 통상 2대가 기본적으로 설치되어 있고, 불활성 가스의 필요한 공급량에 따라 적절하게 운용을 하게 된다.

〈그림 3-39〉 블로워(blower)

5. 화물량 계산장치

화물통제실에는 화물량을 실시간 측정하여 화물량을 계산하는 장치가 설치되어 있다. 일명 'Loading Computer'라고 하는데 컴퓨터 베이스에 화물 탱크로부터 화물 수위가 측정되어 데이터가 화물량 계산장치로 입력이 되면 자동으로 화물량이 계산된다.

이러한 화물량 계산장치는 화물의 적하·양하 작업 시에 단위시간당 화물의 이송량을 확인할 수 있고, 최종적으로 화물의 적하·양하량을 계산하고자 할 경우에도 사용되게 된다. 통상 탱커선에서 화물을 적하·양하할 때에는 매 시간당 화물이송량 및 전체 이송량을 계산하고 기록한다.

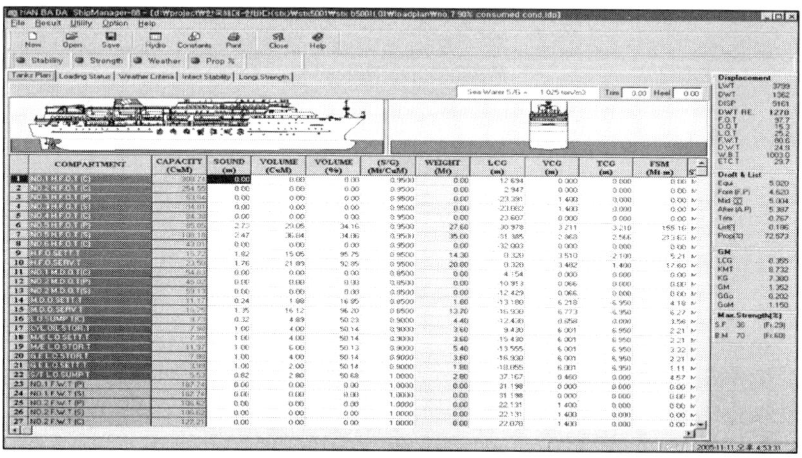

〈그림 3-40〉 Loading Computer

04 기타 화물 관련 설비

탱커선은 일반 화물선과는 달리 위험화물을 운송하기 때문에 이와 관련하여 여러 장비들은 구비하고 있다. 일반선들이 구비하고 있지 아니한 탱커선에만 구비하고 있는 장비들은 여러 종류가 있겠지만 여기에서는 화물 관련 주요한 장비들에 관해 간단히 소개할 것이다.

화물 관련 주요 장비로는 화물의 온도, 높이 및 물의 함유량을 측정할 수 있는 장비, 폭발성 가스 및 산소농도를 측정할 수 있는 장비, 화물에 물의 함유여부를 측정할 수 있는 시약 및 파이프 라인 수축, 팽창장치 등이 있다.

1. 화물의 온도, 높이 및 물의 함유량 측정장치

탱커선의 경우는 화물을 적하 · 양하할 때에 주기적으로 화물의 온도, 높이 및 물의 함유량을 측정하여야 한다. 화물의 온도, 높이 및 물의 함유량은 화물 적하 · 양하량을 계산할 때에 주요한 자료가 되기 때문에 정확한 측정이 필요하다. 이러한 정확한 자료를 얻어내기 위하여 탱커선에는 측정장치를 구비하고 있는데 일명 UTI(Ullage Temperature and Interface)라고도 한다.

UTI는 그 명칭에서도 알 수 있듯이 Ullage와 온도 그리고 기름과 물의 경계면을 측정할 수 있는 장치로 앞서 언급했던 화물 탱크에 설치되어 있는 Sounding Cock를 개방하고 이곳에 설치하여 측정하고 관련 자료를 얻게 된다.

〈그림 3-41〉 UTI

2. 폭발성 가스 및 산소농도 측정장치

폭발성 가스 및 산소농도 측정장치는 탱커선에서 그 활용도가 매우 높은 장치 중에 하나이다.

우선 폭발성 가스 농도 측정장치는 어떠한 특정 장소나 밀폐된 장소에 폭발성 가스가 존재하는지 여부를 확인하거나 필요에 따라 화물 탱크에 사람이 진입을 하고자 할 경우 앞서 언급한 바와 같이 화물 탱크를 클리닝하고 공기를 공급하기 전에 불활성 가스를 공급하게 되는데, 이때 최종적으로 공기를 공급하기 전에 화물 탱크 내에 폭발성 가스가 불활성 가스로 완전히 치환이 되었는지 즉, 폭발성 가스가 어느 정도 존재하고 있는지를 측정하게 되는데 이때 사용하게 된다.

산소농도 측정장치의 경우도 어떠한 특정 장소나 밀폐된 장소 그리고 화물 탱크 클리닝 후에 공기를 주입한 후에 사람이 진입에 앞서 그리고 진입했을 때 산소농도를 측정하여야 하는데 이때 사용되게 된다. 산소농도는 작업자의 인명사고와 직결되기 때문에 정확한 측정이 필요하다. 아울러 폭발성 가스 및 산소농도 측정기는 사용 시 정확한 측정결과를 얻어 내기 위하여 주기적으로 보정(calibration)을 실시해야 한다.

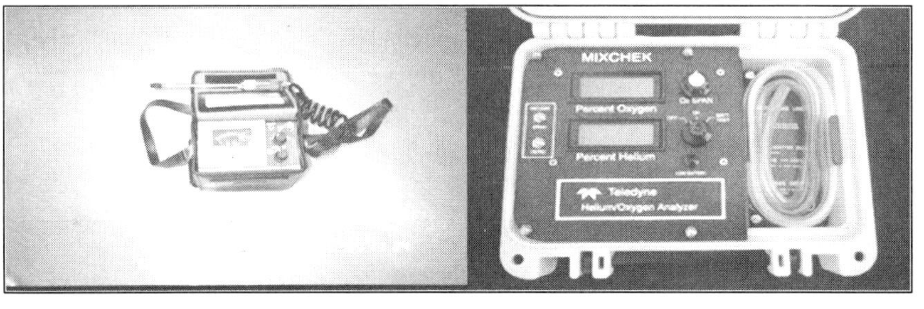

〈그림 3-42〉 폭발성 가스 및 산소농도 측정장치

3. 물측정 시약

화물을 선적했을 경우 특히 원유 화물의 경우는 화물에 물이 함유된 경우가 많은데 이러한 경우 선적 완료 후에는 필히 선적 화물 내에 물의 존재나 함유량을 확인하여야 한다. 선적한 화물 내에 물은 선적한 화물량에서 배제하여야 하기 때문에 정확한 측정이 필요하다. 물측정 시약(water finding paste)은 이렇게 선적한 화물에 물의 존재 여부 및 함유량을 측정하기 위하여 사용된다.

화물의 높이를 측정할 수 있는 Sounding Tape의 끝단에 물측정 시약을 바르고 화물 탱크의 측심을 시행하게 되면 시약은 기름에는 아무런 반응을 하지 않지만 물에는 반응을 하여 시약의 색이 물이 묻은 부분은 다른 색으로 변하게 되어 물의 함유량을 확인할 수 있게 된다.

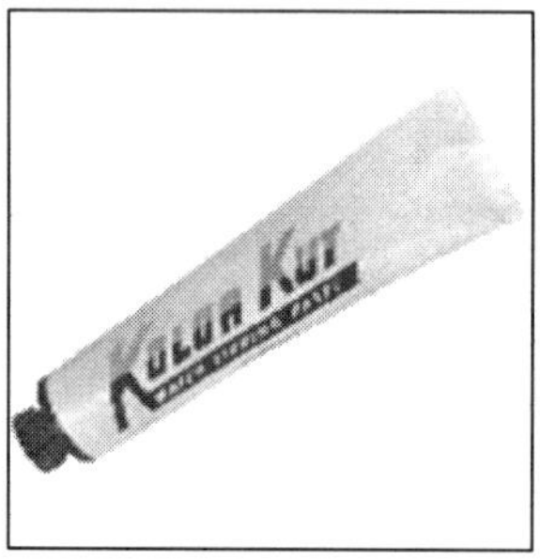

〈그림 3-43〉 물측정 시약

4. 파이프 라인 수축 · 팽창장치

탱커선에는 수많은 파이프 라인들이 설치되어 있는데 이러한 파이프 라인의 대부분은 철재로 만들어져 있다. 철재로 만들어진 파이프 라인들은 온도나 압력에 영향을 받아 수축 및 팽창을 하게 된다.

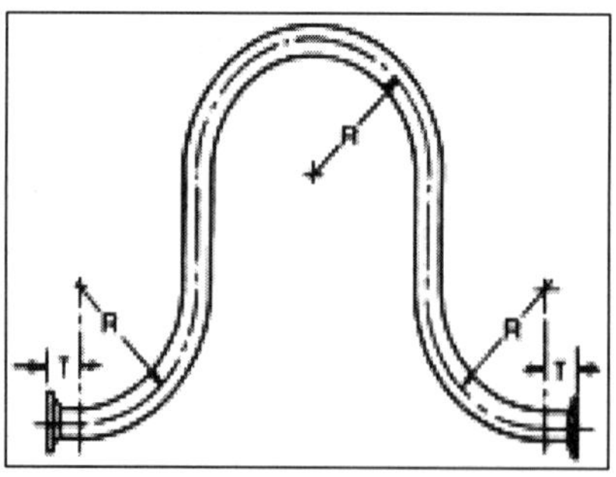

〈그림 3-44〉 Loop Type

〈그림 3-45〉 Dressing Type

파이프 라인들이 이러한 수축 · 팽창을 하는데 있어 이를 수용할 수 있는 장치가 되어있지 않다면 파이프 라인은 끊어지거나 휘어지게 될 것이다.

이러한 측면에서 파이프 라인의 안전을 위해 수축 · 팽창을 수용할 수 있는 장치가 탱커선에는 설치되어 있는데, 일반적으로 직경이 작은 파이프 라인들은 루프 형태(loop type)로 라인을 형성하여 수축 · 팽창을 수용하고, 직경이 큰 파이프 라인들을 드레싱 형태(dressing type)의 수축 · 팽창장치(pipe line expansion joint)를 설치하여 파이프 라인의 안전을 확보하고 있다.

05 안전설비

탱커선은 위험화물을 운송을 하기 때문에 많은 안전설비를 설치하고 있다. 물론 일반 화물선에도 많은 안전설비가 설치되어 있지만 여기에서는 탱커선에 특수하게 설치되어 있는 주요한 안전설비에 관하여 간단히 소개하고자 한다. 탱커선의 주요한 안전설비로는 정전기방지 의복 및 안전화, 방폭형 무전기, 방폭형 공구, 갑판 폼 소화장치, 구명정 부가장치 및 비상 정지장치 등이 있다.

1. 정전기방지 의복 및 안전화

선박 승무원들은 여러 종류의 의복을 착용하게 되는데 대표적인 의복으로는 근무복이나 작업복 등이 있다. 일반적인 의복들은 착용하고 활동을 하다보면 많은 정전기를 발생시키게 된다.

탱커선은 위험화물을 운송하기 때문에 항상 주위에 많은 폭발성 가스가 상존한다고 할 수 있는데 이러한 상황에서 정전기가 발생을 한다면 폭발할 수 있는 위험성이 크다 하겠다. 이러한 연유로 탱커선에 보급되는 의복들은 모두 정전기가 발생하지 않는 재질로 만들어지고 이러한 의복을 착용하고 근무하게 된다.

2. 방폭형 무전기

앞서 언급한 바와 같이 탱커선은 위험화물을 운송하기 때문에 항상 주위에 폭발성 가스가 상존한다고 할 수 있는데 이러한 주위 상황 속에서 일반적으로 사용하는 무전기를 사용하게 된다면 자칫 전기적 스파크가 발생을 하여 폭발할 수 있다하겠다. 이러한 연유로 탱커선에 보급되어 사용되는 무선기도 폭발방지가 되어 있다.

〈그림 3-46〉 방폭형 무전기

3. 방폭형 공구

탱커선도 일반 화물선과 같이 선박의 정비를 위하여 많은 공구를 비치하고 있다. 일반적인 공구를 사용한 정비과정에서는 많은 스파크가 발생할 수 있는데 탱커선은 폭발성의 위험화물을 싣고 다니기 때문에 이러한 스파크는 자체 폭발로 이어질 수 있는 위험성이 높다하겠다. 이러한 연유로 탱커선에 보급되어 사용되고 있는 모든 공구들은 폭발방지, 즉 스파크가 발생하지 않는 재질로 만들어져 있다.

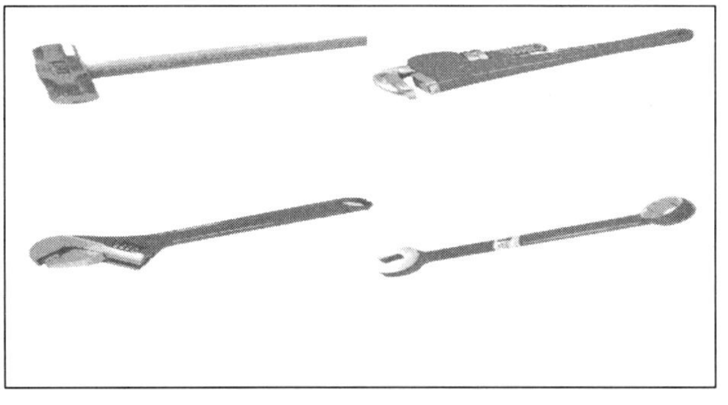

〈그림 3-47〉 방폭형 공구

4. 갑판 폼 소화장치

갑판 폼 소화장치는 탱커선의 갑판상에 설치되어 있는 폼을 이용한 고정식 소화장치이다. 탱커선의 경우는 유류 화물을 운송하기 때문에 이러한 유류 화물로 인한 화재가 발생했을 경우에 대비하여 가장 유효한 폼 형식의 소화장치를 채택하여 설치하고 있다.

이러한 갑판 폼 소화장치는 화재가 발생했을 경우 폼과 해수를 혼합시켜 갑판상으로 보내게 되면 화재발생 부근의 발사체(foam monitor)의 밸브를 개방하여 분사시켜 화재를 진압할 수 있게 된다.

〈그림 3-48〉 갑판 폼 소화장치

5. 구명정 부가장치

선박은 비상 시에 퇴선을 해야 할 경우가 발생할 수 있는데 이때 선원의 퇴선을 위해 구명정이 일반적으로 설치되어 있다.

탱커선도 당연히 선원의 안전한 퇴선을 위하여 구명정이 설치되어 있다. 하지만 탱커선에 설치되어 있는 구명정의 경우는 일반 화물선에 설치되어 있는 구명정과는 달리 부가장치를 설비하도록 규정을 하고 있는데 그 규정에 따른 추가장치는 다음과 같다.

① 공기 공급장치

② 화재로부터 보호될 수 있는 구명정

〈그림 3-49〉 공기 공급장치

이렇게 탱커에 설치되어 있는 구명정에 추가장치에 대한 규정을 둔 이유는 탱커선이 유류 화물을 운송하기 때문인데, 만약 탱커선에 실려 있던 유류 화물이 해상에 유출되어 화재가 발생한 상태에서 선박을 퇴선해야 할 경우 이러한 불길 속을 헤치고 선박으로부터 벗어나야 하는데 불길 속을 헤쳐 나가는 동안 외부로부터의 공기공급이 원활하지 못하고, 독성의 유해한 가스가 구명정 안으로 유입될 수 있고, 또한 불에 의해 구명정이 탈 수 있기 때문에 이러한 연유로 인하여 구명정 내부에 자체적으로 공기를 공급하고, 더불어 구명정이 불에 의해 손상을 입지 않도록 하기 위함이다.

〈그림 3-49〉는 탱커에 설치되어 있는 구명정 내부에 공기 공급장치인데, 퇴선 시에 필요에 따라 압축공기통의 밸브를 개방하여 구명정 내부로 공기를 공급시키면 된다. 이러한 구명정 내부로의 공기 공급은 구명정 내부에 있는 선원에게 산소를 공급해 주는 역할도 하지만 구명정 내부의 압력을 일정 이상의 상압을 유지할 수 있도록 하여 외부로부터의 독성의 유해한 가스가 구명정 내부로 유입되지 못하도록 하는 역할도 하게 된다.

이러한 구명정 내부 공기 공급장치와 더불어 불길 속을 헤치고 나아갈 수 있는 구명정이 탱커선에는 설비되어 있어야 하는데 이러한 규정을 충족시키기 위해서는 여러 가지 방법을 통하여 가능할 수 있는데, 대표적으로 가장 채택이 많이 되어 적용하고 있는 방법이 구명정 외부에 해수를 분무할 수 있는 장치를 부착하여 화재 구역을 통과할 때에 해수 분무장치를 작동시켜 구명정 외부를 해수로 보호막을 형성시켜 화재로 인한 구명정의 손상을 막는 것이다.

〈그림 3-50〉은 탱커선에 설치되어 있는 구명정이 해상에서 해수 분무장치를 작동시키고 있는 모습니다.

〈그림 3-50〉 해수 분무장치 작동모습

6. 비상 차단장치

비상 차단장치(Emergency Shut-Down : ESD)란 탱커선에서 작동되고 화물펌프를 비상상황이 발생했을 경우에 신속히 비상 차단시킬 수 있는 장치이다. 이러한 비상 차단장치는 화물 통제실과 Manifold 등에 설치되어 있는데 이는 화물을 직접적으로 취급하는 관리자나 운용자들이 상주하면서 비상상황을 신

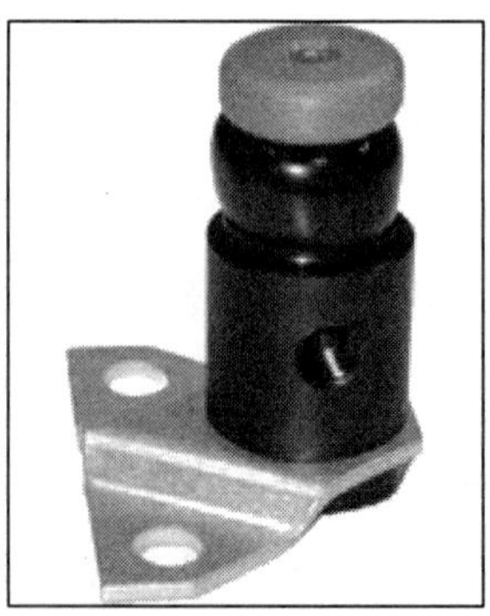

〈그림 3-51〉 ESD

속하게 파악할 수 있는 장소이기 때문이다.

일반적으로 이러한 비상 차단장치는 일반인의 접근을 막고, 오작동이나 실수로 인한 작동을 예방하기 위하여 보호상자 안에 설치되어 있다. 이러한 비상 차단장치의 작동에 있어서는 화물 취급책임자의 지시 및 명령에 의해서만 작동시켜야 한다.

Ⅳ 탱커 운항실무

01 책 임

이 장에서는 탱커의 화물관리상의 위험요소를 사전에 식별하고 이에 대한 방호수단을 수립하여 안전을 확보하는 데 필요한 정보를 제공한다. 특히, 화물취급상 인명안전과 화물 적하 · 양하, Tank Cleaning, Inert Gas System, Anti-Pollution 등과 같은 중요작업에 있어 선박의 안전확보와 해양오염방지를 위한 지침을 제공한다.

1. 선장의 책임

선장은 다음 내용을 확인 · 감독할 책임이 있다.

① 선장은 화물을 운송함에 있어 본 절차에 기술한 지침에 따라 업무를 수행하고, 특히 화물관련 작업에 대하여 1등항해사의 작업계획을 검토 · 승인하고, 안전확보, 오염방지가 가능하도록 감독해야 한다.

② 선장은 선박과 Cargo의 안전, 해양오염 및 적절한 화물의 적하 · 양하 등에 영향을 줄 수 있는 어떠한 상황도 즉시 회사에 보고해야 한다. 특히, 인명 · 선박사고 및 해양오염사고가 발생시는 필요 응급조치를 취한 후 신속하게 보고해야 한다.

③ 선장은 선박이 Cargo Loading, Discharging을 위하여 부두나 Buoy에 접안 또는 계류했을 때 승무원이 ISGOTT에서 규정한 규칙과 안전수칙을 준수하도록 감독해야 한다.

④ Ship To Ship, Barge To Ship 접현, 카고 이송작업 등 작업상황에 따라 적절한 인원의 추가배치 등 비상 시를 대비한 제반 준비를 한다.

⑤ 선장은 Ballast 배출 시 반드시 감시자를 배치하여 유성분의 존재 여부를 확인해야 한다. 유막이 발견되는 경우 즉시 배출을 중지하고 항만당국에 신고해야 하며 유막제거에 필요한 모든 조치를 강구하여 피해를 최소화해야 한다.

2. 1등항해사의 책임

① Loading, Discharging Plan을 작성하여 선장에게 보고한다.

② Loading할 화물 탱크의 준비, 카고 적하·양하 및 이송, 하역에 대한 승무원의 훈련을 포함하여 화물관련 모든 작업은 1등항해사의 책임(chief officer's responsibility)하에 수행되어야 한다.

③ Loading, Discharging 작업 전에 Terminal 측과 공조체제를 확립하여 안전한 화물작업이 이루어지도록 해야 한다.

④ 하역전 하역당직자 전원을 소집해 카고 특성, 하역진행방법, Terminal 규정, 운송계약상의 조건, 통신체계 및 제반 안전사항 등 하역작업에 관한 교육을 실시하고, 그 결과를 Deck Log Book에 기록해야 한다.

⑤ 1등항해사는 카고 작업에 관한 서류, 기록, 문서 및 기름기록부(화물해당 부문)를 정확하게 기록, 유지해야 한다.

⑥ 1등항해사는 모든 작업수행 시 본 절차에 수록한 체크리스트를 활용해 안전을 확인하고 기록을 보존할 책임이 있다.

⑦ 1등항해사는 화물유 관련, 오염방지 관리의 책임과 의무 및 선장의 직무 위임을 받아 화물 관련 제반업무를 수행해야 한다.

3. 당직항해사의 책임

① 당직항해사는 하역작업 수행시 1등항해사의 지휘를 받아야 한다.

② 당직항해사는 1등항해사를 보좌하고 하역작업 시에 요구되는 모든 문서, 기록 등에 관한 준비를 해야 하며, 1등항해사의 지시와 감독에 따라 Cargo Operation을 수행한다.

③ 당직항해사는 1등항해사나 다른 유자격 사관에게 당직업무를 인계하기 전까지 당직중의 Cargo Operation에 대한 책임을 진다.

④ 당직항해사는 각 항구에서 수행할 Cargo Operation Plan, Ballast 작업의 진행 및 방법을 숙지하고 있어야 한다.

⑤ 당직일지(Port Order Book)에 인수·인계사항 및 중요 C/P내용, Terminal 규정 또는 항만규칙을 기록하여 작업중 항시 참조해야 한다.

또한, 주요 작업내용은 Deck Log Book에 기재해야 한다.

⑥ 당직항해사는 화물종류별로 사용될 Tank, Pump, Line, Valve 및 By-Pass 운용과 Cargo Vent System에 대해 충분히 숙지하고 있어야 한다.

⑦ 당직항해사는 당직중 발생하는 중요 사항 및 작업 진행사항을 당직일지에 기록하여 당직 인수·인계 시 정확하게 차직 근무자에게 인수·인계해야 한다.

4. 당직기관사의 책임

① 하역시 당직기관사는 1등항해사의 지시에 따라 하역에 지장이 없도록 한다.

② 당직기관사는 하역 진행상황, Terminal 규정 및 제반 안전사항 등을 파악 하고 있어야 하며, 의문이 있을시 1등항해사에게 연락하여야 한다.

③ 당직기관사는 하역 관련 기기의 운전상태를 정확히 파악하여야 하고, 정기적으로 순찰을 하여야 한다. 또한 카고펌프의 Bearing 온도, IGG의 Blower 온도 등을 매시간 체크하여 1등항해사나 당직항해사에게 알려주어야 한다.

④ 당직기관사는 언제든지 Cargo Control Room과 연락이 될 수 있도록 통신체계를 갖추어야 한다.

5. 당직부원의 책임

다음은 하역당직에 종사하는 당직부원의 최소한의 준수 규정이다.

① 당직 운항부원은 1등항해사 및 당직항해사의 지시에 따라 하역당직에 임해야 한다.

② 당직 운항부원은 하역 작업에 대한 교육에 빠짐없이 참석하여 전반적인 사항을 파악한 후 당직에 임해야 하고 의심스러우면 의심이 해소될 때까지 1등항해사 또는 당직항해사의 지시, 설명을 요청해야 한다.

③ 하역작업에 필요한 Cargo System의 전반적인 개요를 파악하고 있어야 한다.

④ 하역작업중 필요한 비상조치 및 연락체계를 숙지한 후에 당직에 임해야 하며 당직중 중요 사항을 Duty Crew Log In Port에 기재한다.

⑤ 당직중 지속적으로 순찰을 시행하여 Deck 및 선측 해상오염에 대비한 해면 감시를 실시하며 각종 기기의 이상발견 시 당직항해사나 1등항해사에게 즉시 보고해야 하고 지시에 따라 조치한다.

6. 보고의무

하역당직자 및 모든 승무원은 화물 관련 작업 시 제반 안전사항, 주의사항 및 해양환경관리법에 위반되거나 의심스러운 사항이 예견 또는 발생될 때는 즉시 선장에게 보고하고 필요하다면 하역작업의 중단을 포함하여 근본적이고 즉각적인 조치를 취해야 한다.

02 탱커의 일반안전

탱커의 화재 · 폭발사고를 방지하기 위하여 발화원 및 발화(연소) 가능 대기조건을 동시에 제거하는 것은 실질적으로 어려우므로 두 요소 중 하나를 우선적으로 제거하도록 해야 한다. 화물구역, 펌프룸, 탱크 상부 Deck에는 항상 연소성 가스가 존재할 수 있으므로 모든 연소 가능물질을 철저하게 제거해야 한다.

1. 발화원에 대한 안전조치

(1) 흡 연

흡연(Smoking)은 선장이 지정한 장소에서만 해야 한다. 지정된 흡연장소는 출입 시를 제외하고는 모든 창, 문을 폐쇄해야 한다. 흡연장소는 화물구역(cargo area)의 후부장소로 한정되어야 하며 외부 Deck와 직접 통하는 현창이나 문이 있으면 안된다. 또한, 석유가스 농도가 매우 높고, 바람이 특히 없으며, 인근 탱커나 부두에서 작업이 진행되는 경우는 위험을 항상 고려해야 한다.

(2) 성냥과 Lighters

성냥과 Cigarette Lighters는 거주구역 밖으로 반출과 사용을 금지해야 한다.

(3) Naked Lights(Open Flame)

가연성 가스가 존재할 수 있는 장소 및 Deck상에서 Naked Light 사용은 엄격히 금지되어야 한다. Naked Light로는 담배불, Lighters, 연돌의 불티, 성냥과 특히, 수리 · 보수작업 시 불티 등이 있다. 흡연금지와 나화방지를 표시하는 Portable & Permanent Placard를 현문 출입구와 거주구역 출입구의 눈에 잘 띄는 곳에 게시해야 한다.

(4) Galley

조리부원에게 조리장비의 안전한 취급에 관하여 교육을 시행해야 하고 허가받지 않거나, 경험이 없는 자가 조리장비를 취급하지 않도록 해야 한다. 화재의 주요 원인이 조리실 Ranges 또는 Pipes와 Galley Vent의 Hood Screen 속의 타지 않는 연료나 지방질의 축적이므로 자주 점검하고 항상 깨끗하게 유지해야 한다.

(5) Portable Lamps And Electrical Equipment

이동용 전선, 전열기, 전기 스위치, 조명등, Portable Radio는 위험구역에서는 방폭형을 사용하여야 한다.

(6) 충격, 마찰에 의한 스파크

Hammering, Chipping 작업중 공구의 낙하, 투묘중 Anchor Chain의 마찰로 인한 불꽃이다.

(7) 철제물의 마찰에 의한 불꽃

철제 구조물을 끌거나 이동중에 떨어뜨렸을 때 발생하는 마찰이나 충격에 의한 불꽃도 발화원이 된다.

(8) Thermite Spark

Magnesium이나 Aluminium은 산화철과 충격하면 산화철 내의 산소와 매우 급속한 반응을 일으키며, 인화성 가스가 주위에 존재하면 가스를 착화시킨다.

(9) 전해전류(Ship/Shore 간 Electric Current)

선체와 육상 파이프 라인 간에 양자의 전해도의 차에 의하여 전위차가 생긴다. 이를 방지하기 위하여 호스 연결 전에 Bonding Cable을 설치하고 Hose 분리 후에 떼어낸다.

(10) 자연발화

기름에 묻은 물질이 외부의 열을 받지 않아도 산화과정에서 생성되는 내부의 발열로 연소를 일으키는 현상으로 기름걸레, 캔버스 등의 흡습성 물질은 기름, 페인트, 파이프 라인 부근에 두지 말아야 한다.

(11) Radio Transmitting Antenna

무선전파(300kHz~30MHz)를 발사하면 500m 이내 거리의 Mast Stay, Cargo Wire, Hand Rail 등에 유도전류가 발생하여 Spark를 발생시키므로 확실하게 절연 또는 접지시키고 하역중에는 무선설비의 사용을 금해야 한다.

(12) 정전기 재해방지대책

1) 카고호스 연결 시

카고호스의 금속부분이 Manifold와 선체를 통해서 바다에 충분히 접지되도록 완전히 Bonding되지 않으면 안된다(bonding cable은 hose 연결 전에 설치, hose 분리 후 떼어낸다).

2) 적하초기의 저속도 유지

석유증유액에 수분이 부유할 때 정전기가 발생하기에 제일 적합하다(bell mouth 및 탱크 저부의 구조물이 기름에 완전히 잠길 때까지 1m/sec 정도의 유속으로 적재한다). 저속으로 적하하게 되면 파이프 라인 내의 물과 기름의 혼합에 의한 정전기의 발생을 감소시킬 수 있고, 석유 내의 수분의 교란이 적어지고 탱크 저부 구조물에 수분이 정착되면 적하속도를 증가해도 비교적 교란하지 않고 탱크 저부에 안정한다.

3) Over All에 의한 적하 시의 주의

① 석유적하 시 : 대전된 석유를 탱크 내 액면에 낙하시킬 때 탱크 내에 인화성 가스가 있기 때문에 정전기 대전에 의한 위험이 더욱 커진다. 따라서 정전기를 대량 발생하는 휘발성 석유류를 Over All 방법으로 적하해

서는 안된다.

② Dirty Ballast 적하 시 : 휘발성석유를 적재하고 있는 탱크에는 Stripping을 완료하지 않은 채 탱크 내에 Over All로 주수해서는 안된다.

4) 전하의 축적방지

각 대전부를 완전히 접지해야 한다(특히 tank cleaning machine 등).

5) 인체의 전하발생 및 축적방지

안전화의 착용은 작업 시에는 적당한 도전성을 부여한 안전화를 반드시 착용하여 인체에 발생한 전하가 축적되지 않도록 해야 한다.

6) 합성섬유류의 의복착용에 의한 정전기의 발생방지

규정 작업복의 착용은 절연저항이 큰 합성섬유는 마찰 표면에 정전기가 잔유하게 되므로 이것을 방지하기 위해서는 작업 시에 합성섬유류의 의복을 착용해서는 안된다.

7) 샘플 채취 Can의 사용주의

금속체의 샘플 채취 Can을 탱크 내에 삽입하면 유면의 전하가 금속체에 집합하므로 위험하다. 따라서 샘플 채취 시에는 폴리에틸렌제와 같은 부도체를 사용하는 것이 좋다.

8) 분출 가스, 증기, 공기와의 인체 접촉금지

적하중 탱크에서 고속으로 분출되는 가스나 공기는 대전되어 있으므로 신체와 직접 접촉하게 되면 신체가 대전하게 되므로 주의할 필요가 있다(단 신체가 정전기적으로 유효하게 접지되어 있으면 문제가 되지 않는다).

(13) 엔진 및 보일러룸 내 발화원

1) 연소장비

연돌화재나 Sparks 방지책으로 버너, Tubes, Uptakes, Exhaust Manifold, Flame Arresters는 항상 양호한 상태로 유지해야 하며 연돌로부터 불꽃이 떨어질 경우는 Tank Deck에 떨어지지 않도록 침로 조정을 해야 한다.

2) Blowing Boiler Tubes

Funnel Up Takes, Boiler Tubes, Inert Gas Uptakes는 출항 후와 입항 전에 Blower를 시행해야 하며, 선교 당직항해사에게 Hot Soot가 Tank Deck에 떨어지지 않는 필요조치를 요청하고 확인받아야 한다.

2. 기타 위험에 대한 안전

(1) 혹 한

① 추운 날씨에는 Pressure/Relief Valve 및 High Velocity Vent가 카고탱크로부터 Humid Air로 인하여 Flame Screen이 얼어붙고 통풍이 불가능하게 될 수 있으므로 자주 확인해야 한다.

② Inert Gas System의 Deck Water Seal까지의 정수중인 청수가 얼지 않도록 주의해야 한다.

③ Pressure/Vacuum Breaker의 물 역시 얼지 않도록 부동액(glycol)을 첨가해야 한다.

(2) 펌프룸

위치, 설계 및 운용상 독특한 위험이 존재하기 때문에 하역작업중 또는 진입 전에 특별히 주의해야 한다.

1) Pump Room Bilge는 항상 Clean And Dry 상태로 유지

석유 가스가 유입되지 않도록 주의해야 하며, 모든 Pump Seals, Valve Glands, Drain Cocks 및 Mud Boxes는 양호한 상태로 유지해야 한다. Spillage가 있을 경우 Foam 종류의 소화액체로 표면을 덮어 석유가스의 발생을 방지해야 한다.

2) 환 기

① 펌프룸은 석유가스의 유입가능성으로 Cargo Loading, Discharging 작업시는 물론 Ballast 작업, Tank Cleaning 시에도 기계 통풍장치를 가동시켜 항상 출입이 가능하도록 해야 한다.

② 펌프룸에 진입하기 전 적어도 10분 전(비상시는 6분 전)에 팬을 가동하여 철저히 환기시키고 Gas Detector로 체크하여 가스 존재 여부를 확인해야 한다(단, 상기의 시간은 팬 2대를 동시 운전함을 기준으로 한다).

③ 기계적 통풍 시스템을 펌프룸 내 사람이 모두 빠져 나올 때까지 작동시켜야 한다.

④ 석유가스가 집적될 가능성이 있는 하부 플랫폼은 특별주의가 필요하다.

⑤ 화재발생 시는 Vent Trunk 내의 Damper를 작동시켜 공기유입을 차단한다.

3) 진 입

① 책임사관의 허락없이는 어느 누구도 펌프룸 내에 진입해서는 안된다. 펌프룸의 통풍을 시행하고 통신수단의 확보, 유지 및 진입가능 여부를 확인하는 것은 1등항해사의 책무이다.

② 허락없이 펌프룸 내로 진입하지 말 것을 알리는 표지판을 입구에 부착해야 한다(enclosed space entry permit).

③ Lifeline 및 안전 밸트, Safety Harness를 비상시에 사용 가능토록 유지해야 하며 가능하다면 수직선상으로 끌어 올릴 수 있도록 장애물이 없어야 한다.

④ 승인된 호흡구와 구조용 Strecher를 접근하기 쉬운 위치에 보관하도록 한다. 육상관계자 또는 기타 외부인의 펌프룸 진입 시는 당직자가 동행해야 한다.

4) 펌프, 밸브, 장비의 개방

펌프, 밸브, 장비의 운전 또는 개방 수리 전에는 다음 절차를 준수한다.

① 탄화수소 가스와 유독성 가스의 존재여부를 시험한다.

② 책임사관은 작업장소에 작업안전이 확보되었는가 확인한다.

③ 안전한 작업범위를 확인하고, 작업허가 시간은 12시간을 초과하지 않아야 한다.

④ 화물 관련 시스템은 개방 전에 물로서 세척하고 표면은 작업 전에 깨끗하게 한다.

5) Lighting

① 펌프룸 내 승인된 Light System(방폭형)이 보존되도록 해야 한다.

② 추가 전원설비를 사용할 경우에도 반드시 승인제품을 사용한다.

③ 펌프룸 내 Lighting System의 보존 상태가 조금이라도 의심스러우면 철저히 통풍시킨 후 전원을 사용해야 한다.

6) 하역작업중 펌프룸 순찰

① 하역작업중 1등항해사는 펌프의 과열, 작동불량과 펌프나 라인에서의 누유여부를 확인하고, Bilge 발생여부를 지속적으로 점검하여 그 결과를 펌프룸 순찰일지에 기록하고, 문제점의 발생 시는 즉시 시정조치를 해야 한다.

② Gland 또는 Stuffing Box가 과열되거나, Seal에서 누설되는 펌프는 폭발 잠재력이 있으므로 수리 시까지 작동을 중지한다.

(3) Flame Arrester

Flame Arrester(vent riser)는 정기적으로 점검되어야 하며 필요시 청소 또는 교환하여야 한다.

3. 각 작업별 폭발방지대책

(1) 적하작업중

① Vent Post를 통해서 방출되는 석유가스의 확산을 관리한다.

② 거주구역에 석유가스의 침입을 방지한다.

③ 발화가능성이 있는 물질의 배제(갑판상, 거주구역 내, E/R 내)한다.

(2) 적하항~양하항

① 탱크 내의 부압에 의하여 외기를 흡입하지 않도록 필요 시 Inert Gas Charging 실시한다.

② 탱크 내 산소의 농도는 항상 8% 이하가 되도록 관리한다.

(3) 양하작업중

① 탱크 내압을 항상 정압으로 유지(+200mmAq 이상, 통상 +700~800mmAq)한다.

② 양질의 Inert Gas를 공급하여 탱크 내 산소농도를 8% 이하로 유지한다.

(4) 양하항~적하항

탱크 내압에 유의하고 탱크 내 산소농도를 8% 이하로 유지한다.

(5) Water Rinsing 작업

① 탱크 내압을 항상 정압으로 유지한다.

② 탱크 내 산소농도를 8% 이하로 유지한다.

③ 작업중 공구 등을 탱크 내에 떨어뜨리지 않도록 유의한다.

(6) Gas Free 작업 시

① 작업 전 Inert Gas로 Purging을 실시하여 탱크 내의 대기를 Critical Dilution Line 이하로 바꾸어 준다.

② 대량의 석유 가스가 Deck상에 방출되므로 Deck상, 거주구역 내의 발화원에 극히 주의한다.

(7) 용접작업 시

기름 탱커 안전지침, 수리작업 절차에 의해 실시한다.

(8) 기 타

① 각 Tank'S High Velocity Valve 및 IG Main Line의 High Velocity Valve 작동상태를 매항차 점검하고 항상 정상상태에서 작동이 되도록 철저히 정비하여야 한다.

② 카고탱크 내 석유가스가 IG Main 라인을 통해 기관실로 역류되지 않게 Non-Return V/V와 Deck Water Seal을 정기적으로 체크해야 한다.

③ 일단 Gas Free한 탱크라 할지라도 화기작업 시에는 Sludge에서 발생하는 석유가스에 주의한다.

4. 인화의 양상(예)

① 석유가스 성질상 가스가 가장 많이 모이는 장소인 Pump Room, Boiler Room 부근에서의 불량 휴대 Lantern 또는 수리중 취급 부주의에 의한 Spark로 화재 및 폭발

② 하역중 Ullage Hole상에 휴대 Lantern으로 인한 인화

③ Ballasting시 개방 Hatch로부터의 배출 가스에 인화

④ 부근 타선 연돌에서 나오는 불티 등에 의한 가스 인화

⑤ 카고호스의 Flange, 구두창의 철편과 철갑판과의 충격

⑥ 강재의 충돌에 의한 불똥

⑦ 카고호스의 결합부에서의 가스와 단락된 전기장치가 접근되어 인화

⑧ 피복손상에 의한 전선단락으로 인한 인화

⑨ Tank Cleaning 및 Gas Free의 불충분으로 용접공사 시 폭발된 예

5. 산소결핍증

(1) 선 내에서 발생하는 산소결핍의 원인

1) 공기 중의 산소를 흡수하는 것

① 고철, 강재, 유화철, 철광석, 석탄, 선체의 발청, 이중저, 코퍼담, Empty Space, Hold 등
② 건성유를 사용하였을 때 아마이유, 보일유를 용재로 사용한 Paint가 마르면서
③ 곡물, 야채, 목재 등의 흡입작용, 소맥, 대두, 옥수수, 바나나 등의 호흡작용
④ 유기물의 부패, 유기물 또는 분뇨내의 부패균의 산소흡수 시

2) 공기 중의 산소를 희박하게 하는 것

① 불활성 가스의 봉입
② 기름 탱크
③ Paint 창고
④ 탱크, 배관 등에 불활성 가스로 공기배제
⑤ 유기용제의 사용

(2) 산소결핍증의 방지대책

① 산소결핍이 발생할 만한 곳에 "출입금지"의 표시를 한다.
② 부득이한 이유로서 출입할 때는 충분히 환기를 하여 진입 전에 산소, 유독성 가스 농도를 확인한 후 진입하고 사람이 있는 동안은 계속 환기시킨다.
③ 환기 후 산소의 농도가 18% 미만이면 출입을 하지 않는다.
④ 만일을 위하여 산소소생기를 준비한다.
⑤ 만약 산소결핍으로 쓰러졌을 경우 산소소생기를 사용하여 구조하고 촌각을 다투어서 빨리 호흡시킨다.
⑥ 산소결핍이 예측되는 곳에서 귀울림, 환각, 토증, 두통 등이 일어나면 즉시 밖으로 나온다.

03 접안·이안 제한, 하역연기 및 긴급이안 기준

1. 접안·이안 작업제한 기준

(1) 접안·이안 작업 시 제한조건

선장은 별도의 항만규정이 없는 경우 원칙적으로 다음의 해상·기상조건 하에서는 접안 또는 이안작업을 지양해야 한다.

① 야간
② 항내에서의 풍속이 10m/sec 이상일 경우
③ 파고 1.25m 이상일 경우
④ 시정이 1마일 이하
⑤ 강 창/낙조류가 존재하거나 조류가 선박조선에 큰 영향을 미치는 경우
⑥ 태풍 또는 악천후의 접근이 예상되어 항만당국의 경고가 내려졌을 때
⑦ 기타 접안·이안 작업 시 안전저해요소가 있거나 예상되는 경우

(2) 접안방법 및 속도의 제한

부두 또는 Jetty에 평행하게 접안해야 하며 접안속도는 0.15m/sec(0.3KTS) 이하여야 한다.

2. 접안안전을 위한 조치

Mooring 상태의 지속적 점검을 유지하고, 특히 Terminal 측의 감시자와 선박 또는 육상 Mooring System과 하역, Ballast 작업의 연계성을 중심으로 긴밀하게 협조하여 접안안전을 확보해야 한다.

(1) 예색등의 보강

풍속이 15m/sec를 초과하거나 파랑·폭풍주의보 등의 발효 시에는 계류색(mooring wire) 수의 보강, 장력의 조절 등의 접안안전에 필요한 조치해야 한다.

(2) Tug Boats 사용

다음 상황이 발생 또는 예견 시는 접안중 Tug Boats 사용을 고려해야 한다.

① 풍속의 급격한 증가 또는 풍향의 변화(특히, 경흘수인 경우)

② Swell의 내습

③ 조석에 의한 최대 유속 계속 기간

④ UKC가 적을 경우

⑤ 타선이 가까이 통과할 때

(3) 하역의 연기기준

① 다음과 같은 경우 선장은 Terminal 하역책임자와 협의를 거쳐 하역 연기를 결정해야 한다.

- 풍속 15m/sec 이상 예상될 경우
- 파고 1.5m 이상 예상될 경우
- 강풍, 파랑 또는 태풍주의보 · 경보가 예상되거나 발효된 경우
- 하역설비에 이상사태가 발생할 때
- 항만당국의 하역 중지명령이 내렸을 때
- 기타 하역 계속 시 위험을 초래할 우려가 있을 때
- 기름유출사고의 위험성 발생
- 선측부근의 화재발생

② 하역 연기 후의 대책 : 하역 연기기준에 의하여 하역을 중단한 경우 선장은 Terminal 하역책임자와 상의하여 Arm(hose) 분리작업 준비를 해야 한다.

③ 하역의 재개 : 선장은 하역 연기사유가 소멸할 경우 Terminal 하역책임자와 협의한 후 하역작업이 안전하게 재개될 수 있도록 조치한다.

(4) 긴급이안 조건

선장은 다음과 같은 해상 · 기상조건에서는 충분히 이른 시기에 이안하여 안전한 장소로 피항해야 한다.

① 태풍 등 풍속 20m/sec 이상의 악천후의 예상
② 해일경보 또는 지진 등 천재경보가 발령된 경우
③ 태풍의 내습이 예상되어 항만당국의 출항·이안 경고가 있을 경우
④ 기타 해상·기상상태가 접안하여 있는 것이 위험하다고 판단되는 경우

(5) 풍속과 접안·이안 작업과의 관계

선장은 별도의 항만규정이 없는 경우 풍속과 관련하여 다음 표를 기준으로 Dock Master와 협의하여 작업결정을 해야 한다.

풍 속	처리내용
10m/sec	접안·이안 작업지양
15m/sec	하역연기협의, Tug 지원요청
20m/sec	하역 즉각 중단, 긴급이안

04 Deck Pipe Line

1. Cargo Line

탱커에 실린 화물이 액체이기 때문에 이러한 액체를 연속적으로 하역하기 위해서는 파이프 라인을 사용하는 것이 가장 효율적이며 이를 위해 화물이송용으로 본선에 설치한 파이프 라인을 카고라인(red, yellow, green)이라고 한다. 이러한 카고라인(cargo line)은 탱크내부, 펌프룸 및 갑판위에 설치되어 있고 관의 용도나 설치위치에 따라 여러 가지로 나눌 수 있고, 흡입관의 첫 부분은 공기의 흡입을 막기 위해 벨 마우스 형태로 되어 있다.

2. Ballast Line(Blue)

공선항해 또는 악천 후 속을 항해할 때 선박의 흘수를 조정하거나 탱크 세정 등의 필요에 의해 밸러스트용 또는 세정용의 해수를 본선에 싣거나 배출하기 위한 관장치를 밸러스트 라인이라고 한다. 밸러스트는 펌프룸의 선저 흡입 밸브로부터 중간 밸브를 거쳐 탱크에 채워진다.

〈그림 4-1〉 Deck Line

3. 세부적 역할 및 라인 개통

(1) Manifold

적하·양하의 경우 육상과 선체를 연결되어 액체 화물이 안전하게 이송작업을 할 수 있는 것이다. 일명 Arm이라고 하는 육상시설 또는 SBM 경우 라인으로서 연결이 된다. 1등항해사는 적하·양하 시 Manifold 라인을 연결하는 책임을 가지고 있으며, 육상 접안의 경우 Arm의 위치에 맞게 접안하는 것이 매우 중요하다. 그리고 항상 Manifold와 Arm이 분리되어 기름이 누설되는 것을 감시하는 당직요원이 필요하다.

3개의 Manifold가 있지만 모두 사용을 하지 않을 수도 있다. 육상에서 보내주는 압력에 따라서 Open을 하는 Manifold의 개수가 결정된다. 통상적으로는 3개 중 2개의 Manifold를 사용한다.

〈그림 4-2〉 Manifold Line

1) 적하 시

선체 탱크에 육상의 펌프로서 Crude Oil을 밀어넣는 방식으로 적하를 하게 된다. COC에서 액체가 들어오는 Rate를 측정하고 결정하고 같은 종류의 화물을 적하계획에 따라서 어느 탱크에 얼마나 동시에 적하할지도 결정한다.

2) 양하 시

Manifold Connection을 한 후 선체 카고펌프로서 Crude Oil을 육상으로 양하하는 것이다. 이때 선체의 카고펌프 압력에 따라서 밸브의 Open의 정도를 결정하게 된다.

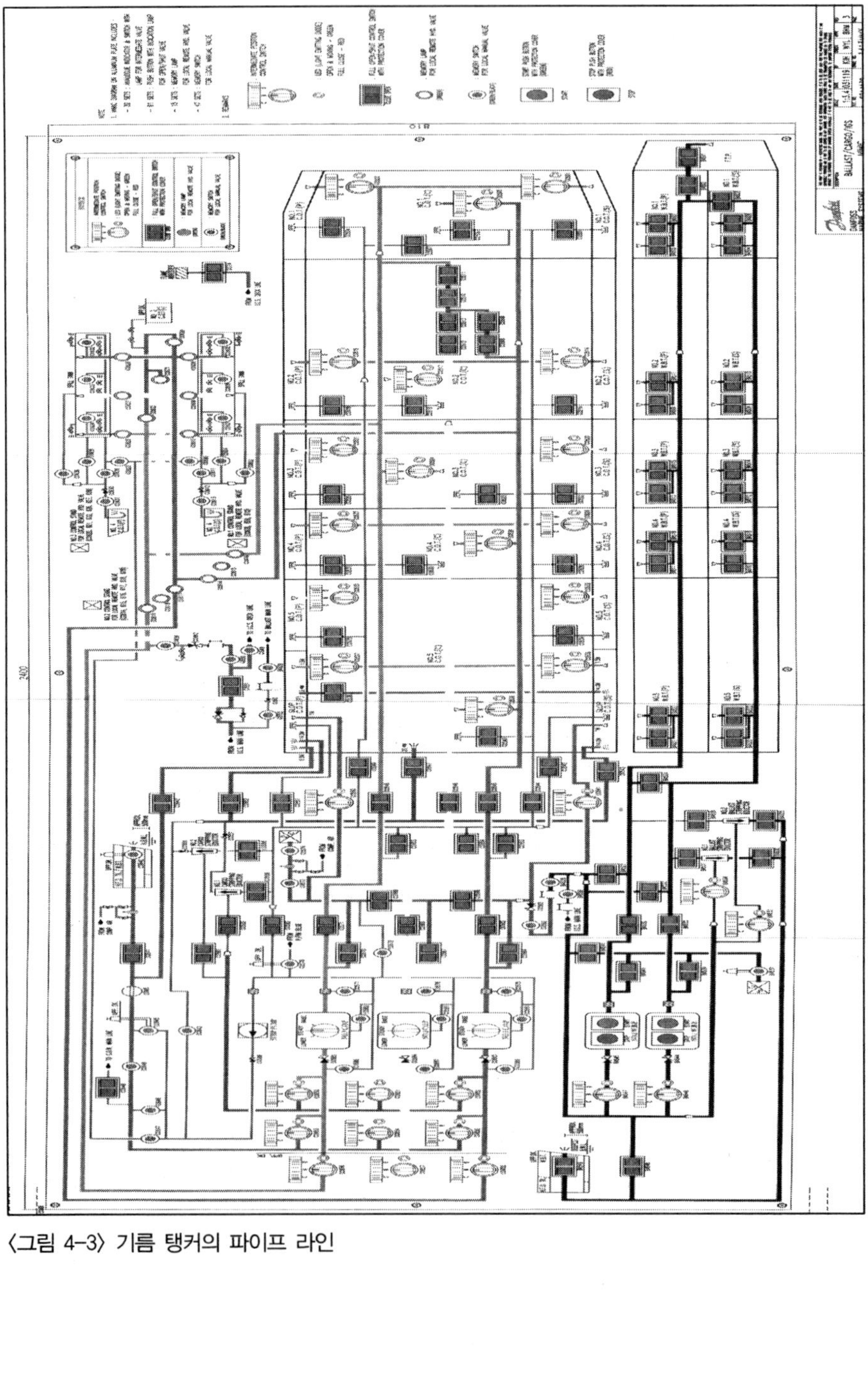

〈그림 4-3〉 기름 탱커의 파이프 라인

(2) Drop Line

Drop Line은 적하의 경우만 사용하는 Line이다. Manifold에 의해서 들어오는 Crude Oil을 Drop Line의 그림의 Co14, Co15, Co16의 밸브를 Open하여 액체가 중력의 힘으로 떨어져서 탱크에 적하되는 중요한 부분이다. Crude Oil의 특성상 높은 위치에서 낙하할 경우 정전기가 발생할 가능성이 있다. 그래서 Drop Line은 정전기를 방지할 수 있는 장치가 설치되어 있다.

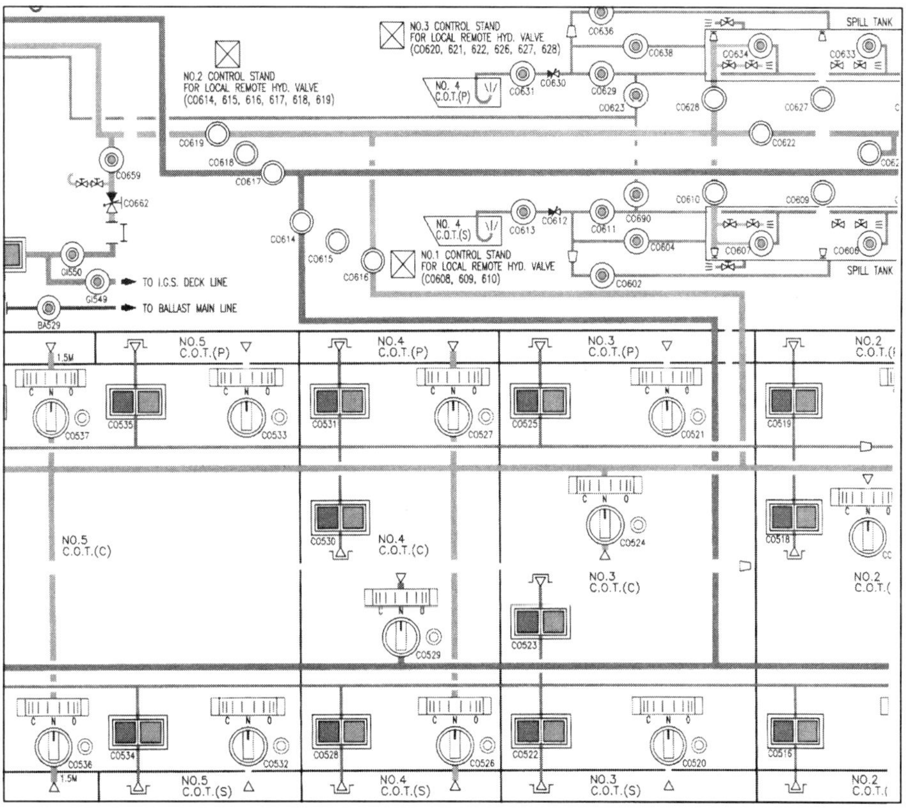

〈그림 4-4〉 Drop Line

〈그림 4-5〉 실제 Drop Line

(3) 연결 밸브

라인에는 3개의 그룹으로 나누어져 있다. Yellow(2C, 3P&S, 5P&S), Green(1P&S, 3C, 4P&S, Slop P&S), Red(1C, 2P&S, 4C, 5C)로서 나누어지는데 3개의 그룹 중 2개의 그룹만 연결할 수도 있고, 3개 모두를 연결할 수도 있다. 그 부분은 적하계획에 따라서 수정해야 한다.

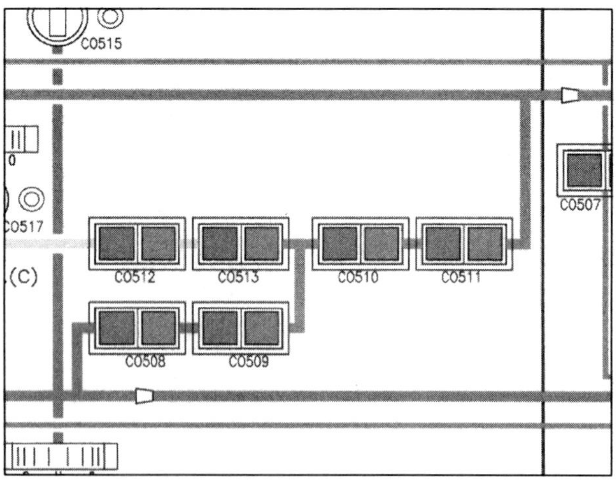

〈그림 4-6〉 Connection

〈그림 4-7〉 Main Line & Stripping Line

〈그림 4-8〉 탱크 안의 Line & Valve

(4) Bell Mouse

실제 Bell Mouse는 액체 화물이기 때문에 용이하게 빨아들이기 위해 그림과 같이 설치되어 있다. Bell Mouse에는 Cargo용과 Stripping용으로 2가지로 분류된다. Ballast에도 다음과 같이 2가지로 구성되어 있다.

펌프의 특성으로 대용량을 빠른 속도로 흡입할 수 있는 큰 Bell Mouse가 있다. 그러나 고용량을 할 수 있지만 공기의 흡입이 들어가면 작동이 원활하지 않다. 그래서 Main 펌프를 최대한 작동하며 그렇게 하지 못할 경우 Stripping으로 할 경우 하역시간이 오래 걸리게 된다.

탱크에 남은 양은 작은 Stripping용 Bell Mouse로서 흡입을 위한 목적으로 2가지의 Bell Mouse가 있다. 항상 모든 탱크에 2개의 Bell Mouse가 있으며, 각 탱크의 선미 쪽에 위치하며 Trim을 주어 Suction이 보다 효율적으로 할 수 있게 한다.

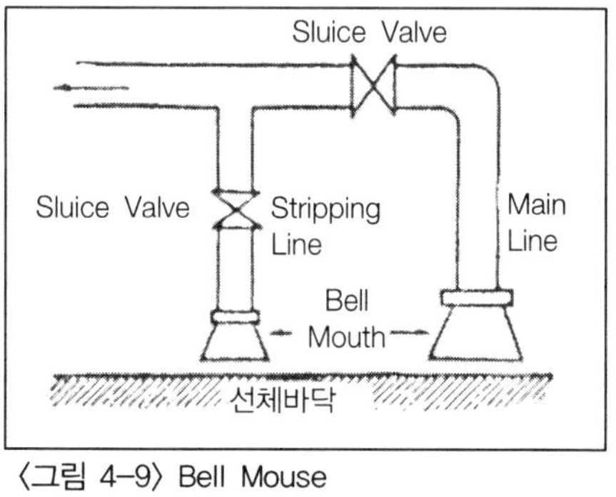

〈그림 4-9〉 Bell Mouse

〈그림 4-10〉 실제 Bell Mouse

(5) Riser

Riser는 펌프의 힘에 의해 육상으로 전달되는 부분이다. 원심 펌프에 의해 Deck상으로 상승하여 이동하는 라인이다.

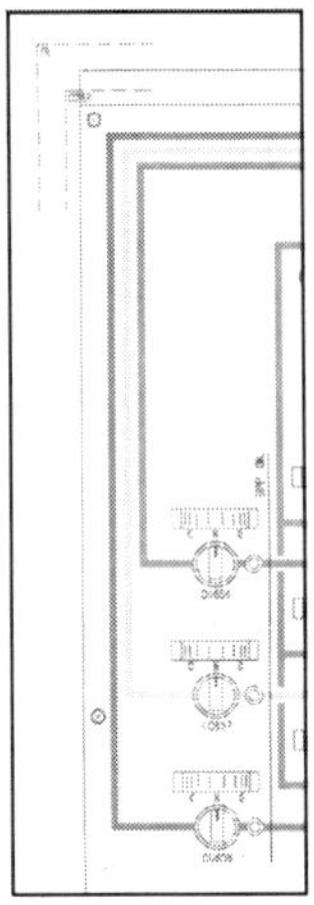

〈그림 4-11〉 Riser

〈그림 4-12〉 실제 Riser

(6) Deck Delivery

Riser에 의해 상승된 Crude Oil은 Deliver에 의해서 Manifold로 이동하게 된다. 그룹 1, 2, 3으로 되어 있으며, 카고펌프를 On한 Line의 경우에만 이동이 발생한다. Deck상에서 쉽게 찾을 수 있으며 액체가 이동하는지 직접 소리가 들리기도 한다.

4. Tank Sounding

(1) Sounding

Sounding을 통해서 탱크 내 잔유물의 양을 측정할 수 있다. Sounding의 단위는 cm이며 1cm에 따라서 탱크 내의 잔유물의 양의 차이가 상당해서 정확히 측정하기 위해 육상측의 Surveyor와 일반적으로 본선의 2등항해사와 동행하여 Loading 및 Discharging의 전·후 모두 Sounding하여 Ullage Report, Dry Certificate를 작성하게 된다.

(2) Sounding 방법

1) Loading 전과 Discharging 후

Loading 전, Discharging 후 탱크 내 잔유물이 얼마인지 구하기 위해서 Water Finding Paste를 묻혀 물의 높이와 Table을 통해 양을 구해 Crude Oil의 양을 정확히 구하기 위해서 불순물의 양을 측정하기 위한 용도이다. Water Finding Paste를 묻혀 〈그림 4-14〉와 같이 색이 바뀌는 부분의 높이를 구하는 방법을 이용한다.

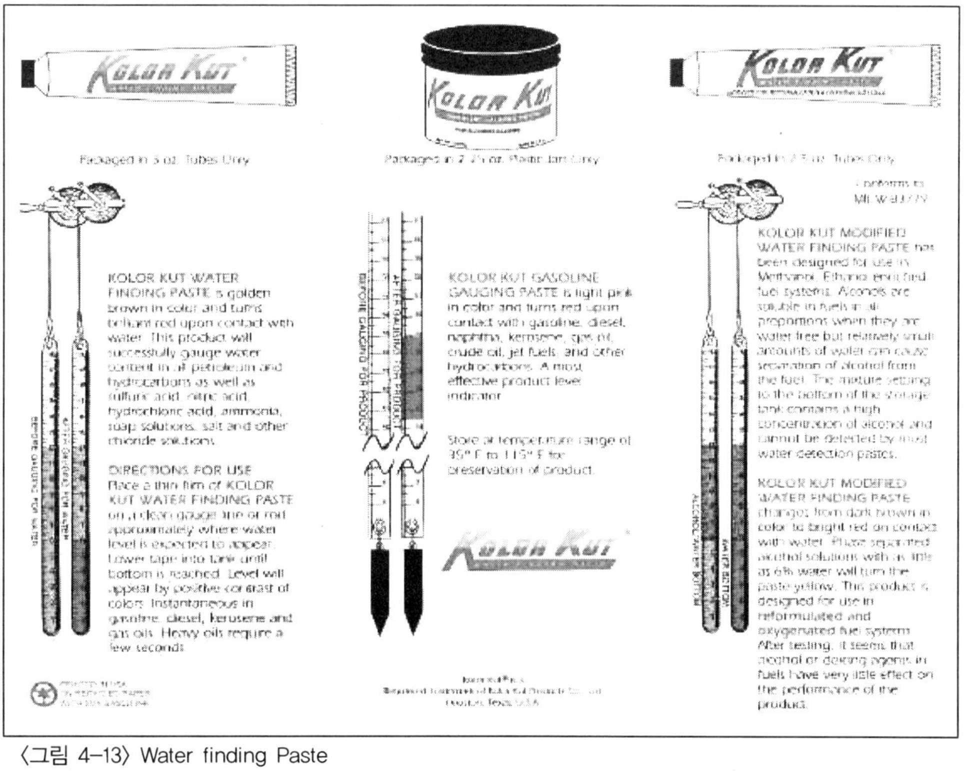

〈그림 4-13〉 Water finding Paste

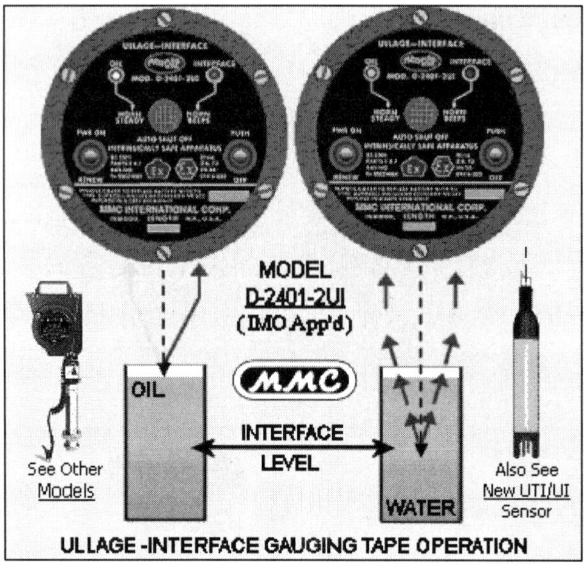

〈그림 4-14〉 Ullage Machine의 일반적 이해도

2) 항해중 Topping Off 시

MMC 내부에는 〈그림 4-15〉와 같은 추가 길이를 표시하는 줄자를 중력의 힘으로 떨어뜨려 Crude Oil의 표면에 접촉할 경우 추의 센서에 의해 소리가 발생한다. 그때 눈금의 확인하여 Ullage를 측정한다. 이와 같은 방법은 Topping Off 시 CCR(Cargo Control Room)의 SSAB 레이더와 비교하여 정확한 양을 비교하기 위한 용도와 항해 중 탱크 누설의 여부로 화물의 유출 여부 그리고 탱크 내의 급격한 온도 변화로 인하여 탱크 내의 압력의 영향을 고려하기 위한 용도로 대표적으로 이용하고 있다.

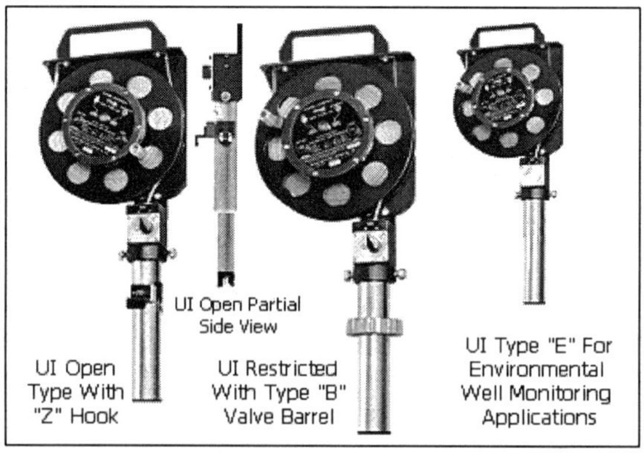

〈그림 4-15〉 MMC Machine

5. 화물량 계산방법

① Ullage를 이용하여 Tank Calibration Table을 찾고 각 탱크별 용적을 구한다.

- 용적은 $1m^3$의 부피단위이므로 Barrel 단위를 만들기 위해서 부피환산을 한다.

  Total Observed Volume ; Y Bbls = X CUBIC × 6.28981

- 트림이 있다면 트림보정이 필요하다.

② P-M Table 5를 이용하여 Observed API를 60°F에 대한 표준 API로 보정해둔다.

③ TOV를 P-M Table 6A(Temp.와 API를 이용하여 TOV를 GSV로 바꾸는 VCF를 수록함)의 Factor와 곱하여 60°F에 대한 용적으로 표준화를 보정한다.

```
     TOV
    −FW
 ─────────────
 GOV × VCF → GSV
              + FW
           ─────────
               TCV
              −OBQ
           ─────────
               TRV
```

이 용적을 P-M Table 11의 Factor를 곱하여 Long Ton 단위로 환산한다.

위의 계산과정은 본선의 컴퓨터마다 프로그램화되어 있으므로 실제 업무에 있어서는 Ullage 값과 Temp. API를 파라미터로서 입력해주기만 하면 된다.

05 적 하

1. 선적 지시

① 영업부장은 선적하게 될 화물의 종류, 양 및 기타 필요한 사항을 선박 및 운항관리실에 Voyage Order를 통보한다.

② 선장은 Voyage Order에 대한 변경사항을 통보받은 경우 즉시 영업부 및 운항관리실에 변경사항 접수 여부를 확인하고 변경사항 수용가능 여부를 통보하여야 한다.

③ 선장은 Voyage Order에 대한 의문사항 발생 시 즉시 영업부장에게 연락하여 명확한 설명을 요구한다.

2. 적하계획

① 선장은 회사로부터 Voyage Order를 받는 즉시 1등항해사에게 Cargo Loading Plan을 작성하도록 한다.

② 1등항해사는 다음 사항을 고려하여 가장 효율적이고 안전하게 카고 시스템을 운영하여 작업할 수 있는 Cargo Loading Plan을 작성하여 선장에게 제출하여 승인을 받는다.

- 선박 Condition : Trim, Draft, Stress, Stability, GM 등
- 적하 · 양하항 및 항로상 제한 : Air Draft, Under Keel Clearance 등
- 최대 선적 화물량 계산 : Seasonal Zone 통과, 만재흘수선, 연료/청수 소모량 등
- 탱크별 Topping Ullage 결정 : 최대 98% 이내, Last Tank 선정, Sagging 최소화
- 양하 시 사용될 Pump/Line 등의 관계
- Ballast 운용
- 2종류 이상의 카고를 Loading할 경우 Manifold Connection 및 Bottom Line 등의 사용을 고려하여 라인 내에서의 Contamination이 일어나지

않도록 하고 부득이한 경우는 최소화될 수 있는 Line Up을 강구

- 2항구 이상에서 Loading할 경우 Cargo Main Line 내에서의 contam-Ination을 방지하기 위해 첫번째 로딩 후 Stripping Pump를 이용하여 필요한 Line을 Dry

③ 1등항해사는 다음 사항을 검토하여 선장에게 보고한다.

- 화물 특성파악
- Tank Cleaning 여부

④ 선장은 작성된 'Cargo Loading Plan'을 검토, 승인하고 영업부와 운항관리실 또는 관련 이해당사자의 요청 시 통보해야 하며, 가능하면 적하항 대리점 등에 문의하여 화물상세를 재확인한다.

⑤ 선장은 제품유의 수송관리상 가장 중요한 것이 화물유의 혼탁에 의한 품질의 변질을 방지하는데 있다는 것을 명심하고, 적하계획 수립 시 영업부장에게 연락하여 Cargo Contamination에 관한 확인을 한다.

⑥ 제품의 혼합 허용범위는 용선자가 결정하지만 기본적인 것은 다음과 같다.

- 동종 품질인 제품의 혼합은 지장이 없다.
- 같은 종류의 제품이라도 고품질의 제품이 저품질의 제품에 소량 혼입하는 것은 지장이 없으나, 경제적인 이유로 양에 대하여는 한도가 있으며, 반대로 저품질의 제품이 고품질유에 혼입되는 것은 허용되지 않는다.
- Gasoline Base의 제품과 Kerosene Base의 제품은 상호간의 혼합은 원칙적으로 허용되지 않는다.
- 유황에 의한 Contamination, 인화점, 비점의 변동을 제한하는 제품에 대해서는 그의 원인이 되는 제품의 혼입은 허용되지 않는다.

3. 적하항 입항준비

① 차항 화물선적에 적합하도록 Cargo Tank Condition을 유지한다. 필요시 Cleaning을 실시한다.

② 1등항해사는 선적 전에 승인된 Cargo Loading Plan에 대한 내용을 하역

관련자에게 교육시키고, CCR에 게시하여 작업 진행상황을 모든 당직 구성원이 파악할 수 있도록 한다.

③ Deck Machinery, Level Gauge, Walkie-Talkie/Battery 등 하역 관련 기기·장비에 대한 점검 및 시험을 실시한다.

④ Ship/Shore Safety Checklist 등 각종 체크리스트에 의거 선박 자체점검을 실시한다.

⑤ Crane 등 하역장비 및 Reducer, Tools 등 하역 관련 비품을 준비한다.

⑥ 유처리제, 유흡착제, 톱밥, Waste Rag, Drip Pan 등의 오염방지 비품을 준비하고 Scupper를 모두 폐쇄한다.

⑦ Fire Hose, Fire Wire, Portable 소화기 등의 소화용구를 준비한다.

⑧ 입항 항구에서 사용하지 않는 밸브는 폐쇄한 후 Seal한다.
(특히 Air Vent, Drain Valve 등)

⑨ 탱크의 Dry 상태 및 탱크 내 Cargo Pipe Line의 Packing 상태 등을 확인한다.

⑩ 하역 관련 서류 및 기록을 준비한다.

⑪ 기타 Port Regulation에 따른 준비를 행한다.

4. 적하작업 준비

(1) 육상과 선박 간의 준비작업

① 정전기의 대전을 방지하기 위해 Bonding Cable을 연결한다.

② 육상 Loading Arm 또는 카고호스를 선박 Manifold에 연결한다.

(2) Terminal 하역책임자와 다음 사항을 협의 또는 확인

① Ship/Shore Checklist에 의한 점검

② 선적할 화물의 종류, API, 온도 등

③ 적하량, 적하순서, Loading Rate, 적하완료 예정시간, 출항예정시간

④ 적하완료는 선박지시인지 육상지시인지 결정, 적하종료 S/B에 요하는 시

간, Rate Down에 요하는 시간, Final Stop 후에 탱크에 유입하는 유량

⑤ Loading Arm의 전후이동 가능거리, 최대허용 Manifold의 높이(조류 또는 조석 간만의 차가 심한 곳은 접안 시 반드시 확인)

⑥ 육상과 선박 간의 통신수단, Deballasting 관계

⑦ Tank Venting 방법

⑧ 항만 · Terminal 규칙

⑨ 비상 시의 조치 등

(3) Initial Survey를 실시하여 Clean 'Dry Certificate'를 수령한다.

(4) 화물 선적에 필요한 Cargo Line Up을 실시

① 접안과 동시에 수항사는 Line Up을 실시하고 Loading할 카고탱크의 IG Branch Valve들이 Open되어 있는지 확인한다.

② Drop Valve, 적하 탱크의 Suction Valve, Vent Riser Valve 등 필요한 V/V를 Open하고 Manifold의 Drain Valve, Air Cock 등 개방되어서는 안 되는 중요한 밸브는 Open-Shut 여부는 반드시 손으로 확인해야 한다.

③ 모든 수동 밸브의 Open-Shut 여부는 반드시 손으로 확인해야 한다.

(5) Loading Rate의 결정

① 화물의 종류 및 성상과 Cargo Line 직경 및 최대 허용압력, Loading 탱크수, Venting 방법, Valve'S Maker의 허용치 등을 고려하여 결정한다.

② 최대 Loading Rate 산출식

$$Q=\frac{\pi}{4}\times D_2\times V\times 3,600\times N$$

여기서, Q는 최대 Loading Rate(m^3/H), D는 Gate Valve 또는 Suction Valve의 직경(M), V는 유속(7m/sec)−Butterfly Valve의 강도상 7m/sec로 제한됨(유속은 valve maker의 허용치를 고려하여 결정).

N은 Shore Connection 또는 Loading 탱크수이다.

③ 〈표 4-1〉는 관경에 의한 Loading Rate의 제한표이다.

〈표 4-1〉 관경에 의한 Loading Rate의 제한표

관경(외경)		Cargo Line Vale	
인치(inch)	mm	유속(1m/sec)	유속(7m/sec)
4	100	28 m^3/H	197 m^3/H
6	150	64	446
8	200	113	791
10	250	177	1,237
12	300	255	1,781
14	350	346	2,423
16	400	452	3,162

5. 적 하

① 적하준비가 완료되면 Terminal 하역책임자의 동의를 얻은 후에 Manifold Gate Valve를 Open한다.

② 적하 초기에는 적하속도를 Slow로 하여 이상 없이 각 탱크에 유입되고 있는 것을 확인하면서 서서히 계획한 Loading Rate까지 올린다. 정전기 발생 방지를 위해 Bottom Longi가 잠길 때까지 유속을 1m/sec 이하로 하고 갑판상 라인 계통을 확인한다.

③ 적하가 정상적으로 행해지면 당직항해사는 직접 선내 전반을 순찰하여 안전상태를 확인한다.

④ 적하중에는 Manifold 압력에 주의하고 매 시간의 적하량을 확인하여 기록한다. Level Gauge를 과신하지 말고 각 탱크의 Loading 시에 실측하여 Gauge Error를 확인한다.

⑤ 적하종료가 가까워지면 Rate Down을 하고 종료 1시간 전, 30분전, 15분전, 5분 전 등을 터미널에 통보하고 예정량에 달하면 Stop Loading한다.

⑥ 최종 Topping Off Tank의 Ullage를 크게 예정하여 두면 Over Flow의 걱정은 없으나, 만일의 경우를 고려하여 Empty Tank 또는 Ullage가 큰 탱크를 확인하여 위급 시에는 그 탱크의 밸브를 열어서 Over Flow를 방지한다. 상당한 속력으로 유면이 상승하고 있을 때에도 유면이 낮은 다른 탱크의 밸브를 열면 속력이 급속히 떨어지거나 또는 유면이 낮아지기도 한다.

⑦ 적하가 끝난 탱크는 유면이 안정되길 기다려 정확한 Ullage 및 온도를 계측하여 선박선적량을 계산한다.

⑧ 적하중 Cargo Sampling 실시

- Surveyor가 샘플링할 때는 선박 승무원의 입회하에 실시하도록 한다.
- 초기 시작 시의 Manifold Sample / 각 COT의 First Foot Sample /Loading이 종료된 후 COT의 Composite Sample을 채취하여 Surveyor나 Terminal Representative의 서명을 득하여 화물의 양하가 종료되고 6개월까지 선박에 보관한다.
- Terminal 측에서 받은 Sample에 대하여는 선박에서 Sampling에 입회하지 않은 경우에는 "Ship'S Staff Did Not Attend The Sampling Procedure"라고 Receipt에 Remark를 달고 서명한다.

⑨ 기타 적하중 고려해야 할 사항

- Pressure Surge에 의한 Line 손상을 방지하기 위해 급격한 밸브조작은 피한다.
- 흘수가 급격히 변화하므로 계류색 및 Fire Wire를 조절한다.
- Shore Connection의 상태나 결합부의 누설에 주의하고 또한 조류나 타선의 통항에 의해 생기는 선박이동에 의한 Shore Connection의 손상에 주의한다.
- 펌프룸 및 갑판상 순찰을 철저히 하여 Line의 누설에 주의한다.
- 선체경사는 가속되므로 항상 Up Right 상태가 되도록 한다.
- Port Regulation에 따라 기관은 항시 사용 가능한 상태로 한다.
- 거주구 및 기관실에 석유가스의 침입을 방지하기 위해 출입문은 제한하고 Air Conditioner의 내기순환으로 바꾼다.

6. 적하완료

① 적하가 완료되고 Loading Arm의 Line Dry 작업 시는 1등항해사의 지시에 따르며 1등항해사는 Terminal 하역책임자와 협의해야 한다.

② 모든 Cargo Valve를 닫는다.

③ Cargo Hose 또는 Loading Arm을 철거하고 Blinding Plate를 붙인 후 bonding Cable을 철거한다.

④ Vent Riser의 Valve를 Shut한다.

⑤ Final Survey를 실시한다.

- 선박도 같이 검량하여 B/L량과 선박량이 차이가 있는 경우 Protest를 한다.
- 검량시 탱크 하부에 수분이 검지된 경우 확인된 수분량에 대해 Protest를 받아 분쟁에 대비한다.
- Dead Freight 발생 시 Protest 등 기타 필요한 경우 분쟁에 대비하여 Protest를 한다.

⑥ 기타 용선주 또는 선주가 정하는 바에 따라 서류를 작성한다.

7. SCAC Code

① US Custom은 USA로 수입되는 모든 Cargo에 대하여 Unique B/Lading Identifier Code(SCAC Code)를 요구한다.

② 이 Code는 B/Lading, Cargo Manifest 등 Cargo Document에 기재되어 있어야 하며 그러한 Code가 없는 카고에 대해서는 Discharge를 허용하지 않는다.

③ USA Port가 양하항으로 되어 있을 때는 반드시 B/L이나 Cargo Manifest에 Code가 기록되어 있어야 하며 Code의 구성은 4개 문자의 Carrier Code와 MAX.12자의 문자 및 숫자로써 구성된다.

예) HMMC TANKOGN 00311

HMMC : CARRIER CODE

TANKOGN 00311 : 문자 및 숫자의 조합으로서 MAX.12WK 이내에서 임의로 작성 가능(TANKOGN의 003항차 첫번째 Port의 첫번째 Cargo를 의미)

④ USA Port가 DIS-port로 정해지면 Loading 전에 미리 Terminal에 B/L 작성 시 이러한 Code가 들어가도록 요구해야 한다.

8. 일반적인 Loading 절차

접안 전(1)	선박에서 준비 및 Check 사항 1. 화물 선적에 적합하게 Cargo Tank Condition 유지 2. Loading Plan 작성완료 및 적하작업에 대한 교육실시 3. 하역 관련 기기/장비에 대한 점검 및 시험 4. 탱커 접안 · 이안 안전점검표에 의한 선박 자체 점검 5. 하역 관련 장비준비(Crane, Reducer, Tools, Etc) 6. 소화장비 및 오염방제 자재준비(Manifold, Aft. Deck) 7. Deck상 Scupper 폐쇄 8. 하역 관련 서류 및 기록준비
접안 전(2)	1. 1등항해사는 상기 관련 결과 점검 2. Line Up : 1등항해사는 Manifold Gate V/V를 제외한 Deck의 V/V Line Up 실시 및 V/V 상태 점검(IGS Line 포함) 3. 1등항해사는 각 탱크의 IG Branch V/V Open/Shut 상태, High Velocity V/V 작동상태 점검 4. 1등항해사는 Pump Room's Ventilation 작동 및 점검
접안 후 작업 전 (1)	On Deck상 준비사항 1. Port Regulation에 적합하게 EM'CY Fire Wire 준비(선수/선미) 2. Manifold에서 Cargo Hose(또는 Chicksan Arm) 연결 3. Bonding Cable 연결 4. Ship/Shore Check List에 의한 점검 5. 기타 안전 관련 준비(Gangway Net, Warning Board 현문에 비치
접안 후 작업 전 (2)	CC Room 1. Loading Master와 Cargo Loading 전반에 대한 협의 a) Ship/Shore Checklist에 의한 점검 b) 선적될 화물의 종류, API/SG, 온도 등 c) 적하량, 적하순서, Loading Rate, ETC, ETD d) MAX/MIN Loading Rate, Rate Down에 걸리는 시간, Shore or Ship Stop, Final Stop 시 걸리는 시간 및 Stop 후 화물유입량 e) Manifold의 최대 허용 Air Draft f) 육상과의 통신수단 g) Port/Terminal Regulation h) "Prearrival(Load.)/After Berthing(Load)/Before
Tank Inspection	1. Loading Master/Surveyor와 Tank INSP. 후 Dry Certicate 작성 2. Dry Certicate 작성 후 1등항해사는 탱크 내 밸브의 Line Up 실시
적화작업 준비완료	1. 선박 적하작업 준비완료(Deck상 준비상태 재확인) 2. Laoding Master에게 통보, 육상 측 준비도 완료되었으면 Loading Master의 동의를 득한 후에 Manifold Gate Valve Open 3. 적하 시작 및 선내에 방송

적화작업 시작	1 적하 초기에는 Slow Rate로 시작, 각 탱크에 카고가 이상없이 유입되는가 확인 2. On Deck상에도 Cargo Line 및 각 밸브들에 누유부분이 없는가 확인 3. 상기 모두 확인 후 이상이 없으면 Loading Master와 협의 후 Loading Rate Up
적화 작업중	1. 정상적인 Rate로 화물이 들어오면 On Deck상 누유부분이 없는가 재확인 후 이상이 없으면 정상 하역 당직체제로 근무 2. 적하 작업 초기에 Manifold 및 각 적하 탱크에서 Sampling 당직부원은 정기적으로 갑판상의 이상 유무를 점검하여 당직항해사에게 보고 3. 당직항해사는 매시간 적하량, Loading Rate, ETC 등을 체크하고 별도로 기록함 4. 적하중 적어도 2회(적하 중반/Topping Off 전) 이상은 Cargo Level Gauge의 에러를 체크하여 비교하고 기록하여야 함 5. 당직항해사는 당직중 정기적으로 갑판상에 직접 순찰을 하여 이상 유무를 확인한다. 6. 작업중 점검표에 의한 선박 자체 점검
Topping Off	1. 각 Tank Topping Off Ullage 2~3분 전에 Level Gauge의 에러를 확인하고, 순차적으로 Topping Off를 실시함 2. Topping Off시 Loading Master나 육상측에 통보하고 Loading Rate를 Down 시킴 3. Topping Off가 끝난 각 탱크의 적하량을 계산해 Final Topping Off량을 결정함 4. Final Topping Off시 Loading Rate는 Minimum으로 Down함
적화작업 완료	1. Final Topping Off가 끝나면 적하작업을 Stop(육상 또는 선박 Stop) 2. 적하된 양을 다시 한 번 확인하고 예정량이 적하되었다고 판단되면, 선박 Manifold Gate Valve, 각 Cargo Tank Valve 및 Group Valves,. IGS Vent Riser Valve를 Shut함 3. Loading Master/Surveyor와 함께 Tank Inspection 및 Cargo Sampling을 실시함 4. 1등항해사 지시하에 육상 카고호스 및 선박 Manifold Line의 Line Dry 실시(이때 Line Dry 방법은 Loading Master와 협의 후 결정) 5. 하역 서류작성 및 육상 측 서류 수령 6. 체크리스트에 의한 점검 시행 7. 출항준비
출 항	1. 각 IG System의 Valve들이 정상적으로 Open/Shut되어 있는가 재확인 a) Open : 각 탱크의 IG Branch Valves • Vapour Gas에. 의한 Cargo Contamination 우려가 있을 경우 분리하여 Shut b) Shut : Vent Riser Valve 상기 Open V/V외 전 Valves 2. Deck상의 전 Cargo Lines의 밸브들은 Shut되었는가 재확인 3. 악천후 항해준비 4. 점검표에 의한 점검시행

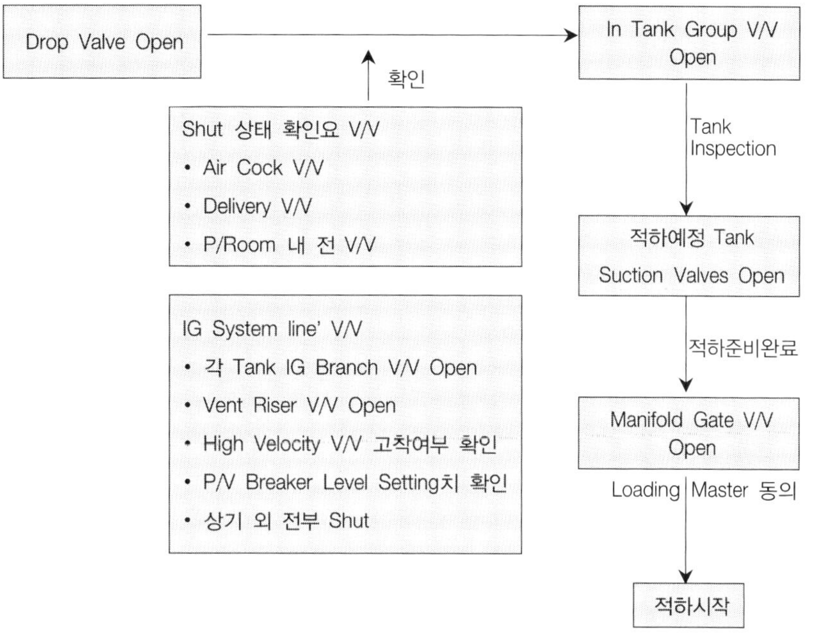

〈그림 4-16〉 Line Up 절차

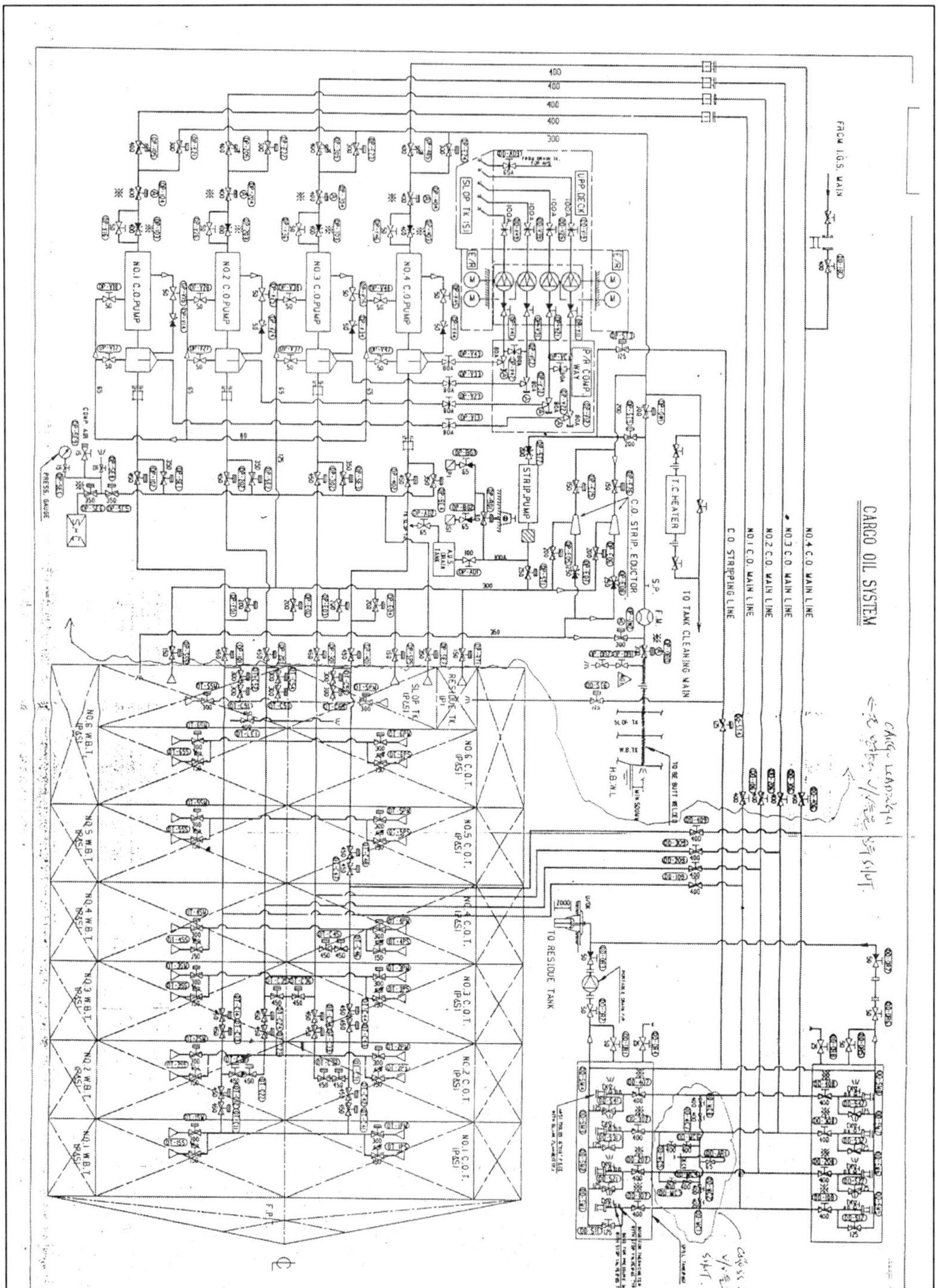

〈그림 4-17〉 Pipe Line Arrangement

06 화물 운송중의 관리

(1) 적하 항해중에는 화물의 품질관리 및 Vapour 등에 의한 화물손실 방지

(2) Vapour의 발생요인

1) 탄화수소의 비점과 증기압

증기압은 액체 중의 분자운동에 관계있으므로 저비점 성분의 비율이 증가함에 따라 높은 수치를 나타내고 온도가 높을수록 분자운농이 활발해지기 때문에 높은 증기압을 나타낸다.

2) 온 도

주간에는 갑판이나 측벽을 통해서 기름 및 가스 온도가 올라가기 때문에 Ullage 공간의 가스 팽창과 석유가스의 증발에 의하여 탱크 내압이 상승하며, 이것이 Breather V/V의 설정치를 넘으면 가스가 대기로 배출된다. 밤에는 반대로 온도가 내려가므로 가스의 응축에 의하여 탱크 내압이 내려가서 Breather V/V의 설정치 이하가 되면 외기를 흡입한다.

3) Ullage Space와 선체의 동요

Ullage 공간이 클수록 액체 중의 저비점 성분은 감소한다. 따라서, 액체의 용적에 대한 Ullage 공간의 비가 증가하면 증기압은 저하한다.

(3) Vapour 발생 방지대책

① Sprinkler나 갑판상의 잡용 해수라인을 이용하여 물을 뿌려서 탱크 내 온도상승을 방지한다.
② 탱크 내압 조절장치인 Breather Valve는 정기적으로 정비 · 점검해 설정치 이하에서 작동하여 불필요한 Vapour 방출을 방지하도록 하여야 한다.

(4) Ullage 변화 확인

적어도 매일 1회 이상 카고탱크 내의 Ullage 변화를 확인하고 Ullage 변화가 온도, Trim에 의한 것인가 혹은 다른 원인(valve, line의 손상 등)에 의한 것인가 판단하고, 만약 카고에 Contamination이 생겼다고 판단될 경우에는 카고의 종류, Contamination/Damage의 발생원인, 정도 등을 관련 부서에 보고 · 협의한다.

(5) 낙뢰지역 주의

낙뢰지역 통과 시에는 석유가스가 방출되지 않도록 조치한다.

(6) 연돌로부터의 Soot에 주의

연돌로부터의 Soot에 주의하고, 만약 갑판상에 낙하하게 되면 선장에게 보고한 후 물을 뿌리거나 변침을 하는 등의 안전조치를 한다.

(7) 악천후 항해에 대한 주의

① 출항시에 이동물의 고박/Store의 폐쇄 등 철저한 악천후 준비를 한다.
② 악천후 조우 후에는 회복되었을 때는 각 탱크의 Ullage를 계측하고 Store를 순찰하여 이상 유무를 확인한다.

(8) 장비, 정보, 지침의 관리

선장은 Charterer나 Shipper 측이 제공한 화물운송 관련 장비, 정보, 지침 등에 대해 적절히 유지, 관리한다.

07 접안중 안전조치

1. Notices On The Oil Tanker

① Terminal 도착 즉시 다음 Notices를 Accommodation Ladder/Gangway에 게시한다.

Warning
NO NAKED LIGHTS NO SMOKING NO UNAUTHORIZED PERSONS NO CELLULAR PHONE ON DECK(갑판상 휴대폰 사용금지)

② 탈출방향 표시와 함께 다음 Notice도 게시한다.

EMERGENCY ESCAPE ROUTES

2. 기기 · 설비의 안전조치

① Radar, VHF, 무선전신 등의 사용을 통제한다.

② Terminal 측 규칙에 따른 전원사용을 통제한다.

③ Terminal 측 규칙에 따른 주기 · 보기작업을 통제한다.

④ 하역작업 이외의 작업 또는 유압기기 구동용 주기 · 보기의 작동을 통제한다.

⑤ Cargo Operation 구역에서의 Flash를 이용한 사진촬영을 금지한다.

3. 소화장비의 준비

① 적하 · 양하 Berth 도착 즉시 소화 호스를 소화전에 연결한 상태로 Manifold전후부에 비치해야 한다.

② Chemical류의 이동식 소화장비를 Manifold 근처에 사용하기 편리한 장

소에 비치해야 한다.

③ 하역 또는 Ballast 작업중 소화용 펌프의 압력을 충분히 유지해야 한다.

4. 안전절차에 관한 Terminal과의 연락

선박이 부두에 접안 또는 SPM에 계류한 후 1등항해사는 Terminal 운영자와 다음 사항을 실시하고 이행여부를 확인해야 한다.

① 지정 흡연장소의 결정

② 주방화기와 조리장비의 통제

③ Permit-To-Work와 Hot-Work-Permit 절차에 관한 지침

④ 선박주변 관련 활동의 제한조치

⑤ Local Safety와 오염방지 규정에 대한 정보 확보

⑥ 화재 · 의료 · 경찰 등 비상상황 발생 시를 대비한 항만당국의 지원요청 방법

⑦ 부두와 선박 간의 소화장비와 비상장비의 이용 가능성과 이용에 관한 정보교환

⑧ 비상대비를 위한 방안(집합장소 및 탈출구)

5. Emergency Release Procedures

(1) 일 반

비상사태 발생 시 선박을 신속하고 안전하게 이안시킬 수 있는 장비가 제공되어야 하며, 비상 이안작업에 대하여 육상 측과 합의해 두어야 한다.

(2) Emergency Towing off Wires(Emergency Fire Wire)

① Tug를 이용할 수 없는 Berth를 제외하고 적절한 길이와 규격을 갖춘 Towing Off Wires를 각 선수미의 Bollard에 고박시키고 EYE가 있는 한쪽 끝단은 수면 가까이 1~2m 사이로 유지해야 한다.

② Jetty에 접안한 때에는 외해 측의 Bollard에, Buoy Mooring 시에는 Hose String의 반대 측에 설치한다.

③ 일반적으로 Tug Boat가 용이하게 예인할 수 있도록 Bollard 사이에 적절한 길이를 Slack시켜두고 쉽게 절단되는 Rope, 끈 등으로 묶어 두어야 하지만 각 Berth마다 규정이 상이할 수 있으므로 1등항해사는 사전에 확인해 규정에 따라 설치한다.

(3) Emergency Towing Arrangement

1) 적 용

DWT 20,000 이상의 현존 탱커 또는 신조 탱커(1996년 1월 1일 시행)는 선수·선미에 각각 비치해야 한다.

2) 목 적

Salvage 작업이나 해상오염 위험을 감소하기 위한 비상 예인작업을 용이하게 하기 위함이다.

3) 주의사항

Emergency Towing Arrangement가 설비되어 있어도 Terminal에 접안 또는 계류중에는 Terminal 측에 Emergency Towing off Wire의 설치 여부를 확인한 후 Terminal의 요구에 따라야 한다.

08 양 하

1. 양하계획

1등항해사는 다음 사항을 고려하여 가장 효율적이고 안전하게 Cargo System을 운영하여 작업할 수 있는 Cargo Discharging Plan을 작성하여 선장에게 제출하여 승인을 받는다. 선장은 작성된 'Cargo Discharging Plan'을 검토, 승인 후 영업부/운항관리실 또는 관련 이해당사자의 요청 시 통보해야 한다.

① 양하량, 양하순서, 양하시간

② 양하중 및 Stripping 시의 선체강도, Trim 및 GM

③ Shore Connection : 양하현, Reducer의 Size 및 수

④ 선박 양하능력과 Terminal 측의 받아들일 수 있는 양의 제한 : 육상설비의 Back Pressure, Manifold 제한압력, 양하 Rate 등

⑤ 양하종료 시의 Draft 및 출항 Draft

⑥ Ballast의 적재시기 및 요령

⑦ 양하 시 사용될 Pump/Line 등의 관계

⑧ Charter Party상의 조건 : Pumping Clause, IGS Clause 등

2. 양하항 입항준비

① 1등항해사는 Cargo Discharging Plan에 대한 내용을 하역관련자에게 교육시키고, 하역사무실에 게시하여 작업 진행상황을 모든 당직구성원이 파악할 수 있도록 한다.

② 1등항해사는 선박 화물량을 미리 재확인하여 양하항에서 Cargo Shortage가 발생되지 않도록 조치해야 한다.

③ Deck Machinery, Cargo Pump, Level Gauge, ESDS, Transceiver/Battery 등 하역관련 기기/장비에 대한 점검 및 Test를 실시한다.

④ IGG를 시운전하고 시스템의 이상 유무를 확인한다.

⑤ Ship/Shore Safety Checklist 등 각종 체크리스트에 의한 선박 자체점검

을 실시한다.

⑥ Crane 등 하역장비 및 Reducer, Tools 등 하역 관련 비품을 준비한다.

⑦ 유처리제, 유흡착제, 톱밥, Waste Rag, Drip Pan 등의 오염방지 비품을 준비하고 갑판상 Scupper를 폐쇄한다.

⑧ Fire Hose, Portable 소화기, Fire Wire 등의 소화용구를 준비한다.

⑨ 입항 항구에서 사용하지 않는 밸브는 폐쇄한 후 Seal한다.

⑩ 하역 관련 서류 및 각종 기록서를 준비한다.

⑪ 기타 Port Regulation에 따른 준비를 행한다.

3. 양하작업 준비

① 육상과 선박 간의 준비작업을 한다.

- 정전기의 대전을 방지하기 위해 Bonding Cable을 연결한다.
- 육상 Loading Arm 또는 Cargo Hose를 선박 Manifold에 연결한다.

② 선박 준비작업을 한다.

- AUS(Auto-Unloading System)의 Vacuum Pump Seal Tank의 청수 레벨 확인 및 Gas Extraction Manual Valve 및 Gas to Slop Discharge Manual Valve를 Open한다.
- 선박이 접안하는 동안 1등항해사는 Gate Valve를 제외한 On Deck Cargo Line의 Line Up을 실시하고 금번 Terminal에서 양하할 카고를 Loading한 탱크에 대해서만 (2종류 이상의 카고를 Loading한 경우) IG Branch Valve를 Open한다.
- IGG System의 원활한 작동을 위해서는 사용 12시간 이전에 Main Power를 On하여 Fixed O_2 Analyzer의 Warming이 이루어지도록 한다.
- 양하시작 30분 전에 Deck Delivery V/V는 Close한 상태에서 IGG를 기동한다.
- 펌프룸 Fan은 펌프룸 출입을 최소한 30분 전에 작동시킨다(Fan Capacity : 20Times/Hour).

③ Terminal 하역책임자와 다음 사항을 협의 또는 확인한다.

- Ship/Shore Safety Checklist에 의한 점검
- 양하할 화물의 종류, Api, 온도 등
- 양하량, 양하순서, Discharging Rate, 양하완료 예정시간, 출항예정시간
- Terminal이 받아들일 수 있는 능력 및 Manifold 제한압력 확인
- 육상과 선박 간의 통신수단, Ballasting 관계
- 항만/Terminal 규칙
- 비상시의 조치 등

④ Cargo Surveyor와 Initial Survey 및 Sampling을 실시한다.

⑤ Initial Survey 후 Ullage Hole을 폐쇄하고 각 탱크와 연결된 Vent Valve의 Open 여부를 확인한다.

⑥ 카고펌프의 Warming Up 및 펌프룸 Fan 작동을 실시한다.

⑦ Cargo Discharging Plan에 따라 양하작업에 필요한 Cargo Line Up 및 COP의 Priming을 실시한다.

- 각 Tank Suction Valve 등 필요한 밸브를 Open하고 Drop Valve, Manifold의 Drain Valve 등 개방되어서는 안되는 중요한 밸브에는 Rope Seal이 되어 있는 것을 확인한다.
- 모든 수동 밸브의 Open-Shut 여부는 반드시 손으로 확인한다.

4. 양하 시 AUS(Maker : SHINKO)가 장착된 선박 기준

① Tank Survey가 끝난 후 펌프의 Priming을 실시하는 요령이다.

- 양하할 탱크의 Suction Valve 및 Pump Suction Valve를 Open한다.
- AUS의 AC/DC Power를 On하고 Vacuum Pump의 Control Position을 자동으로 둔다.
- Vacuum Pump에 의하여 펌프 및 Separator의 공기가 배출되면서 펌프의 Priming이 이루어진다.
- Primming이 끝나면 AUS의 AC/DC Power를 Off하여 1/4 정도 하역이 진행될 동안은 그대로 둔다(Trim이 있는 상태에서 양하할 탱크의 Level

이 높으면 Cargo Liquid가 Vacuum Pump 측으로 유입될 수 있음).

② Pump Primming이 끝나고 E/R Turbine Side에서의 준비가 끝나면 서서히 펌프의 Idle Running에 들어간다(15~20분 정도).

③ 육상 측의 준비가 모두 끝나고 하역을 시작해도 좋다는 연락을 받으면 선박 인원배치를 완료하고 Manifold Gate Valve를 Open한다.

④ 기관실에 연락하여 Pump RPM을 Governor Control을 CCR로 전환한 후 Discharge V/V를 Open한다.

⑤ CCR에서의 Governor Control Signal이 Minimum 보다 높게 주어져 있으면 기관실에서 수동으로 Turbine RPM을 올려 Remote Position에 두는 순간에 RPM이 갑자기 올라가게 되므로 사전에 반드시 CCR의 Governor Control Lever를 Decrease 측으로 계속해서 움직여 줄 필요가 있다.

⑥ SHINKO Turbine의 경우 Turbine이 Running 중 어떤 원인에 의하여 Trip이 된 후 다시 Start시키기 위하여 Turbine Control Panel에서 Trip 'RESET' Button을 누르는 순간 바로 Trip되기 이전의 RPM으로 올라가 버리기 때문에 일단 펌프가 Stop되면 Governor Control Lever는 무조건 Minimum으로 두는 습관을 가져야 한다.

⑦ 일단 펌프가 Start되면 Terminal에서 요구하는 Pressure를 유지하면서 Manifold 주위 및 펌프룸의 이상유무를 확인한다.

⑧ Bottom Touch, Overflow 등을 방지하기 위하여 양하 초기에는 Trim이 생기지 않도록 Even 상태로 선체를 부상시킨다.

⑨ 양하 시 펌프의 사용은 해당 그룹의 펌프를 분리하여 사용하되 펌프 간의 Suction을 공통시킬 필요가 있을 때는 가능한 한 펌프룸 Bottom Cross Line을 이용하여 공통시킨다.

⑩ 양하중에는 정기적으로 펌프룸 순찰, Manifold 압력 펌프 측 압력/온도 및 양하항을 확인하여 기록한다.

⑪ Clean Product Oil의 양하 시는 무리한 Trim을 줄 필요가 없으며 Double Hull은 Suction Bell Mouth가 Suction Well에 잠겨 있으므로 3mtr 정도의 Trim이면 충분하다고 본다.

⑫ Pump Suction 간의 라인을 공통시켰더라도 Air Suction 단계까지 Level

이 떨어지면 그룹별로 분리하는 것이 바람직하며 동일 그룹의 탱크일지라도 2mtr 정도 남으면 한 탱크씩만 Open하여 AUS 및 탱크 내 Bell-Mouth의 위치를 감안한 리스트를 적절히 이용하면 완전히 Dry시킬 수 있다.

⑬ Stripping 단계에 도달하기 이전까지는 AUS의 Discharge Control Valve는 Manual로 하여 적절히 조절하는 것이 효과적이다.

⑭ 한 탱크씩 Stripping하여 Dry시킬 때 Separator의 Level이 자주 떨어지면서 Vacuum Pump의 작동이 잦아지면 AUS의 Discharge Control을 Auto로 전환, Upper Limit치를 35% 정도에 두고 Suction Bell-Mouth를 Stripping용으로 전환하면서 펌프로 적절히 낮추어 조정한다.

⑮ Low Set Level 램프가 점등되면 Stripping Bellmouth도 50% 정도의 Open으로 줄이고 3분 후 'Completion of Disch' Lamp에 점등이 되면 미리 준비한 Sounding Rod로 Tank Bottom을 Sounding해 보고 Empty면 다음 탱크로 넘어간다.

⑯ 탱크 내의 Dry는 가능한 Main Cargo Pump만으로 하고, Stripping Pump는 Line Drain용으로 사용한다.

⑰ 기타 양하중 고려해야 할 사항은 다음과 같다.

- Pressure Surge에 의한 라인 손상을 방지하기 위해 급격한 밸브조작은 피한다.
- 흘수가 급격히 변화하므로 계류색 및 Fire Wire를 조절한다.
- Shore Connection의 상태나 결합부의 누설에 주의하고, 또한 조류나 타선의 통항에 의해 생기는 선박이동에 의한 Shore Connection의 손상에 주의한다.
- 펌프룸 및 갑판상 순찰을 철저히 하여 라인의 누설에 주의한다.
- 선체경사는 가속되므로 항상 Up Right 상태가 되도록 한다.
- Port Regulation에 따라 기관은 항시 사용 가능한 상태로 한다.
- 거주구 및 기관실에 석유가스의 침입을 방지하기 위해 출입문은 제한하고 Air-Conditioner의 내기순환으로 바꾼다.
- 펌프룸의 Fan은 하역작업 동안 계속 가동되어야 한다.

5. 양하완료

① 카고펌프에 의한 양하가 완료되면 Pump Discharge Line의 Check Valve가 Close될 때의 충격을 완화시키기 위하여 Discharge Valve를 먼저 close한 다음에 펌프를 Stop시킨다.

② 카고펌프가 Stop이 되면 Manifold Gate Valve를 Close하고 Stripping Pump를 이용하여 Cargo Main Line을 Drain시켜 Stripping Line을 통하여 육상으로 내보낸다.

③ Line Drain이 끝나면 수항사의 지시에 따라 육상 Arm과 Gate Valve 사이의 Line Drain을 시킨다.

④ 1등항해사는 Terminal 측과 협의하여 Residue Tank 또는 카고탱크로 Drain시키도록 지시해야 한다.

⑤ 카고호스 또는 Arm을 철거하고 Blinding Plate를 붙인 후 Bonding Cable을 철거한다.

⑥ 양하가 끝난 탱크에 대하여 Dry Survey를 실시하고 가능한 한 Clean Dry Certificate를 받아야 한다.

⑦ 어떠한 원인으로 인하여 Clean Dry Certificate를 받지 못할 경우에는 Surveyor로 하여금 남은 ROB에 대하여 Unpumpable Liquid XX m^3라는 Remark를 달도록 한다.

⑧ 육상 측의 사유로 인하여 양하시간이 지연될 경우에는 하역중단, 양하 Rate의 규제 사실을 Time Sheet나 Pumping Log에 기록하여 서명을 받도록 한다.

⑨ 기타 선주 또는 용선주가 정하는 바에 따라 서류를 작성한다.

6. 일반적인 양하작업 절차

접안 전	1. Discharging Plan 작성완료 및 양하작업에 대한 교육 실시 2. 하역 관련 기기·장비에 대한 점검 및 시험 3. IGG 시운전 및 Scrubber 작동 점검 4. "Pre-Arrival(Disch.)" 점검표에 의한 자체 점검 5. 하역 관련 장비 준비(Crane, Reducer, Tools ... Etc) 6. 소화장비 및 오염방제 자재준비(Manifold, Aft. Deck) 7. Deck상 Scupper 폐쇄 8. 하역 관련 서류 및 기록 준비 9. IGG의 Main Power Switch을 On(사용 12시간 이전)
접안중	1. 1등항해사는 상기 관련 결과 점검 2. Line Up : 1등항해사는 Manifold Gate V/V를 제외한 Deck의 V/V Line Up 실시 및 V/V 상태를 점검(IGS Line 포함) 3. 1등항해사는 각 탱크의 IG Branch V/V Open/Shut 상태 4. High Velocity V/V 작동상태를 점검 5. 1등항해사는 Pump Room's Ventilation 작동 및 점검 6. AUS(Auto Unloading System) 관련 Valve Open 및 점검
접안 후 작업 전 (1)	On Deck상 준비사항 1. Port Regulation에 적합하게 Em'Cy Fire Wire를 준비(선수/선미) 2. Manifold에서 Cargo Hose(또는 Chicksan Arm) 연결 3. Bonding Cable 연결 4. Ship/Shore Checklist에 의한 점검 5. 기타 안전 관련 준비(Gangway Net, Warning Board 현문에 비치...)
접안 후 작업 전 (2)	Cargo Control Room 1. Mooring Master와 화물 양하 전반에 대한 협의 a) Ship/Shore Checklist에 의한 점검 b) 양하할 화물의 종류, API/SG, 온도 등 c) 양하량, 양하순서, Discharging Rate, Etc d) Max. Discharging Rate/Manifold Pressure e) Manifold의 최대 허용 Air Draft f) 육상과의 통신수단 g) Port/Terminal Regulation h) 비상 시 조치 등 2. 하역기기 준비 a) 최소 양하 시작 2시간 전에 사용할 카고펌프, Ballast Pump를 준비하도록 통보 b) IGG를 언제든지 사용 가능하도록 준비 3. After Berthing(Discharging) 점검표에 의한 점검시행 *** Line Up 시 Cargo Contamination이 발생하지 않도록 완전 분리하는 것이 원칙임

Tank Inspec-tion	1. Mooring Master/Surveyor와 Tank Inspection 후 하역 서류작성 2. Tank Inspection 후 1등항해사는 In Tank 및 Pump Room Valve들 Line Up 실시 3. Cargo Pumps Priming 실시
양하 작업 준비 완료	1. IGG Start 및 산소농도 8% 이내가 되면 탱크 내로 Inert 가스 공급 2. 선박 양하 작업 준비완료(Deck상 준비상태 재확인) 3. Mooring Master에게 통보, 육상 측 준비도 완료되었으면 Mooring Master의 동의를 얻은 후에 Manifold Gate Valve Open 4. Cargo Pump Start 후 Pump Delivery 측 Delivery Valve Open 양하 시작 및 선내 방송 5. 점검표 점검시행 후 양하 시작
양하 작업 시작	1. 양하 초기에는 Slow Rate로 시작, Terminal 측 요구하는 양 또는 Manifold 압력을 유지. On Deck상의 Cargo Line 및 각 밸브들, 펌프룸 점검 후 누유부분이 없는가 확인 2. IGG System은 정상적으로 작동되는지, 탱크에 공급되는 Inter 가스 산소농도는 5% 이하인지 확인, 상기 모두 확인 후 이상이 없으면 Mooring Master와 협의 후 Discharging Rate을 Up
양하 작업중	1. 정상적인 Rate로 화물이 양하되면 On Deck상 누유부분이 없는가 재확인 후 이상이 없으면 정상 하역 당직체제로 근무한다. 2. 양하작업 초기에는 과다한 Trim 및 Heeling이 생기지 않도록 하여 양하한다. 3. 당직 운항수는 정기적으로 갑판상 및 펌프룸을 순찰하여 이상 유무을 점검하여 당직항해사에게 보고한다. 4. 당직항해사는 매 시간 양하량, Discharge Rate, Manifold 압력, 펌프 측의 압력 및 온도, IGG의 산소농도/압력 및 IGG'S Blower의 온도 등을 체크하여 기록한다. 5. 당직항해사는 당직중 정기적으로 갑판상, 펌프룸 및 HYD. 펌프룸을 직접 순찰을 하여 이상 유무를 확인한다. 6. 양하중 Pressure Surge에 의한 라인 손상을 방지하기 위해 급격한 밸브 조작은 금한다. 7. 점검표에 의한 점검을 시행한다.
Stripping시	1. Stripping 시 Trim은 3분 정도를 유지하고 Heeling은 각 탱크의 Cargo Well의 위치에 따라 조절한다. 2. Stripping 단계에 도달하기 이전까지는 AUS의 Discharge Control V/V는 Manual로 하여 적절히 조절하는 것이 효과적이다. 3. Stripping 시 탱크 내 Dry는 가능한 Main Cargo Pump만으로 하고, Strip. 펌프로는 Line Drain용으로 사용한다. 4. IGG는 탱크 내 Pressure, 잔량 등을 고려하여 Strip. 마지막 단계에서는 일단 Stop을 한다.
양하작업 완료	1. 카고펌프로 양하가 완료되면 Manifold Gate V/V를 Shut하고, Stripping Pump를 사용하여 Line Dry를 실시한다. 2. Line Dry가 완료되면 Manifold의 Strip. V/V를 Shut하고, Mooring Master와 협의

	후 육상 측 Line Dry를 실시한다. Linedry가 완료되면 카고호스 분리작업을 한다. 3. Mooring Master/Surveyor와 함께 Tank Inspection을 실시한다. 4. 갑판상, 펌프룸 내 밸브들 전부 Shut를 한다. 5. 하역 서류작성 및 육상측 서류를 수령한다. 6. Tank Inspection 후 탱크 내 압력을 적정 정압(500∼700mmAq 정도)을 유지하도록 하는 것이 좋다. 7. 점검표에 의한 점검을 시행한다. 8. 출항준비를 한다.
출 항	1. 각 IG System의 밸브들이 정상적으로 Open/Shut되어 있는가 재확인한다. a) Open : 각 탱크의 IG Branch Valves b) Shut : 상기 Open V/V 외 전 밸브들 2. Deck상의 전 Cargo Lines의 Valves 및 펌프룸 내 밸브들은 Shut되었는지 재확인한다. 3. 점검표에 의한 점검을 시행한다. 4. 악천후 항해준비를 한다.

09 Tank Cleaning

일반적으로 Tank Cleaning을 실시하는 목적은 이종화물의 적재, 탱크 내 수리, 입거전 Sludge Control 등이다.

1. Tank Cleaning 작업계획

(1) 세정해역

Tank Cleaning은 원칙적으로 Closed Cycle을 채용하므로 세정 해역의 제한은 없으나, Tank Cleaning 후의 라인 세정, Dirty Ballast 배출 등 유성수를 선외에 배출할 경우에는 특별 해역 외로서 육지에서 50마일 이상 떨어진 해역에서 항행중에 실시해야 한다.

(2) 탱크의 세정시간의 결정요인

① 전회의 Tank Cleaning으로부터 경과시간

② 전 항차의 적하 유종 및 차항 적하 유종

③ 탱크 내 구조물

④ Cleaning Machine의 1Cycle에 요하는 시간

⑤ Tank Cleaning의 목적은 입거 시 화기공사가 있는 탱크는 철저한 세정을 요하며 Shadow Diagram을 참조하여 필요 시는 Portable Machine을 이용하여 완벽하게 할 필요가 있다.

(3) 세정압력

세정압력은 Machine의 회전, 유효사정거리 및 세정수량에 영향을 미치므로 적어도 8~10kg/cm^2(9kg/cm^{2}가 적당)을 유지하는 것이 좋다.

(4) 세정온도

① 통상 Heating Cargo는 온수세정(40~80℃), Non Heating Cargo는 해수세정(25~30℃)을 실시한다.

② 입거 시와 같이 단기간에 Gas Free를 하여 장기간 Gas Free 상태를 유지해야 되는 경우에는 Gas Free를 효과적으로 실시하기 위해 마지막 1~2 Cycle은 온수세정(40~80℃)을 하는 것이 바람직하다.

③ 탱크 내부의 Coating 및 밸브의 Seat Ring을 보호하기 위해 80℃ 이상의 온도는 좋지 못하다.

(5) Trim, Heel의 조정

① Trim은 대체로 LBP의 2~2.5%면 충분하다. 최대 Trim은 선체강도와 보일러의 수면에 의해 제한된다.

② Heel은 Up-Right를 유지하는 것이 바람직하나 Bell Mouth의 위치에 따라서 경사지게 하는 것이 좋은 경우도 있다.

(6) Cleaning Machine의 결정

Stripping 능력이 토출수량의 1.25배 이상되도록 하는 것이 바람직하며 Fixed Machine에 의한 사각을 보완하기 위해 Portable Machine의 병용을 검토해야 한다(Cleaning 효과는 압력과 Stripping에 있음을 명심해야 한다).

2. Tank Cleaning용 기자재의 준비

① Stripping Pump의 정비 및 Suction Gauge의 정비를 행한다.

② Tank Cleaning Machine의 성능 및 배치에 정통해야 하며 정상 작동상태를 유지해야 한다.

③ Portable Machine의 필요개소에 주유하고 작동상태를 확인한다. 또 Cleaning Hose의 Bonding Cable 내장여부 및 이상 유무를 확인해야 한다.

④ Tank Cleaning Heater 및 IGS의 정비를 행한다.

⑤ Hose Reel, Air Motor, Saddle, Ventilator, Sounding Rod, Gas Meter 및 Oxygen Meter 등의 정상 작동상태를 확인하여 둔다.

3. Line Cleaning

① Tank Cleaning에 앞서 전항에 사용했던 카고라인의 Cleaning이 먼저 이루어져야 한다. Line Cleaning에는 상당한 주의 및 기술이 요구되며 특히 입거 전에는 탱크보다 더 주의를 기울여야 할 부분이다.

② Line Cleaning 시는 Tank Cleaning Heater를 이용해서 할 수 없으므로 Hot Water Cleaning이 요구될 때에는 Slop에 세정수를 모아 Heating한 후에 실시한다.

③ Line Cleaning 시의 기본 Line Up은 Sea Water Suction → Pump → Deck Line → Manifold Cross 및 Drop Line → 관련 Group Tank Pushing 및 Slop Gathering을 원칙으로 한다.

④ Line Cleaning 시 Pump Discharge Pressure는 5kg/cm^2 정도면 충분하며 Gath-Ering할 Slop Tank V/V는 항상 Open해두고 관련 Group의 Tank Pushing 시 Main 및 Stripping용 V/V를 2~3회 정도 교대로 Open-Close 하면 충분하다.

⑤ Manifold Cross Line에 대하여서는 Pump Running 시 Drain Line을 이용하여 인접된 탱크로 Pushing하든지 아니면 Stripping Line을 이용하여 Slop으로 Pushing하면 된다.

⑥ Line Cleaning을 위한 Pump 운전 시는 항상 Discharge 압력에 주의하여야 하며, 펌프의 사용은 한 대씩 차례로 하되 Tank Cleaning에 사용한 펌프를 마지막에 운전하고, Line Cleaning이 끝나면 Tank Pushing 시 탱크 내에 고여 있는 해수를 먼저 Stripping한 후에 Tank Cleaning에 들어간다.

⑦ Line Cleaning에 소요되는 해수도 상당량이므로 탱크 내의 압력변화에 주의하고 필요 시 Vent Riser를 Open하여 Venting시킨다(Tank Cleaning 시 모든 IG Valve는 공통시켜둔다).

⑧ Line Cleaning을 하다 보면 빠뜨리는 부분도 발생할 수 있으므로 사전에 Piping Diagram을 검토하여 각 펌프 운전에 대한 시나리오를 작성하여 두면 편리하다.

4. Tank Cleaning 요령

① Tank Cleaning은 Slop 간의 Balance Line을 통하여 넘어오는 Tank 〈Slop(P)〉를 가장 먼저 실시한다.

② 처음에서 Sea Chest를 통하여 Suction하다가 Gathering Tank〈Slop(S)〉에서 Balance Line을 통하여 반대 측으로 깨끗한 해수가 넘어가 펌프가 Suction하기 충분할 정도(5mtr 이상)되면 Pump Suction을 Slop(P)로 바꾼다.

③ Slop Tank로부터 중력에 의한 유성수의 배출은 금지되어 있으므로 Open Cycle 또는 Semi-Open Cycle에 의한 탱크 세정은 불가하며 필히 Closed Cycle로 실시해야 한다.

④ Tank Cleaning Line에 해수를 올릴 때에는 선수 쪽 Tank Cleaning Machine의 밸브를 열고 서서히 압력을 올려 라인 내의 공기를 밀어서 뽑아낸다.

⑤ Tank Cleaning 중에는 Bottom의 Stripping이 잘되는지 확인한다. Stripping이 불량하다고 생각되는 경우에는 Cleaning을 중지하고 Sounding 하여서 확인해야 한다. Bottom에 예상 이상으로 세정수가 남아 있을 경우에는 증가원인을 파악하고 Eductor의 점검, Machine 대수의 제한 등 적절한 조치를 취하여야 한다.

⑥ Stripping 효과를 높이기 위해서는 Suction Line에 공기의 유입이 없어야 한다. Stripping Pump로 Stripping하는 경우에는 1탱크씩 하는 것이 바람직하다. Strainer가 Sludge류로 막히는 수가 있으므로 이런 경우 개방하여 예비 Strainer로 교환한다. Tank Cleaning은 어떠한 경우라도 탱크 내 산소농도가 8% 이하임을 확인하고 실시해야 한다.

⑦ Tank Cleaning 중에는 항상 Machine의 정상작동을 확인한다.

⑧ Fixed Machine의 배치는 각 탱크의 Shadow Area가 수직부 15% 이하, 수평부 10% 이하로 되도록 규정되어 있다.

- 입거 시 화기공사가 있는 탱크의 Cleaning 시에는 해당 탱크의 Shadow Area 도면을 참조하고 필요하면 Portable Machine을 사용한다.
- Portable Machine을 사용할 때 유효사정거리, 탱크의 깊이, Horizontal Girder의 높이를 고려하여 Machine의 높이 및 설치할 Cleaning Hole을 결정한다. 또한, 최초의 1Cycle은 주로 Bottom Sludge를 제거하여 Cleaning 효과를 높이기 위한 것이므로 Bottom의 구석에 Machine으로부터 각도가 45°로 분사되도록 높이를 결정하는 것이 효과적이다.

5. Clean Product의 Tank Cleaning

(1) 백유(Clean Product) 운송 시의 Tank Cleaning

① 탱크를 최소한 1Cycle Cleaning을 실시한다.

② Pump 및 Line을 충분히 Drain시킨다.

③ Gas Free 후 탱크 내부 Dry 상태 확인하고 필요 시 Mopping 작업을 실시한다.

④ 카고라인은 반드시 밸브를 Open하여 Drain 상태를 확인해야 한다.

⑤ 펌프 및 Pump Room Line으로 완전히 Drain시켜 Surveyor 요청 시 확인시켜줄 수 있도록 준비해야 한다.

(2) Clean Product를 적재하는 경우

'Clean Product의 Tank Cleaning Table'에 따라서 실시하면 되지만 이것은 어디까지나 일반적인 것이고 실제 적하 시에는 용선자의 지시에 따라야 한다.

(3) Clean Product의 Tank Cleaning Table

전항차 적재제품유 (백유) / 금항차 적재예정유 (백유)	Kerosene Based Jet 연료	Naphtha (Starig Herun)	Naph-Tha (무연)	Conke Nsate NGL	등유 (Kero Sene)	경유 (Gas Oil)
Kerosene Based Jet 연료	1	X / 4	X / 4	X / 4	1	1
Naphtha(Staight Run)	1	1	1	1	1	2
Naphtha(무연 Naphtha)	1	1	1	1	1	2
Condensate(NGL)	1	1	1	1	1	1
등유(Kerosene)	1	3	3	3	1	1
경유(Gas Oil	1	3	3	3	2	1

(비고)

X : 특별히 지정한 Tank Cleaning 방법에 따라야 한다.

1 : Tank Cleaning은 불필요하며 잔유 Stripping을 한다.

2 : 해수에 위한 저부의 Flushing을 하고 충분한 Stripping을 한다.

3 : 2의 작업에 더하여 탄화수소가스가 Lel의 40% 이하가 되도록 Gas Free한다. 단, 탱크가 Inerting 상태이면 이것은 필요가 없다.

4 : 해수에 의한 탱크 저부의 Flushing을 실시한 후에 탱크 내를 Gas Free하여 Sludge를 제거하고 닦아낸다.

6. Slop Decanting

① Slop Decanting 시에는 ODME Discharging Line을 Tank Cleaning 시에 ODME Discharge Control Valve 앞부분까지는 완벽한 Cleaning이 되어 있어야 한다.

② ODME는 사전에 충분한 점검이 되어 있어야 하며 Decanting 시에는 꼭 작동상태로 두어야 한다.

③ Slop으로 모아진 세정수는 최소한 24시간 이상의 Settling하여 Decanting 전에 유수 경계면의 Ullage를 체크하여 어느 정도 레벨에서 Discharging을 Stop할 것인가 미리 염두에 두고 있어야 한다.

④ ODME가 정상 작동상태에서 처음 유성수를 선외로 배출할 때는 일단 Slop으로 먼저 Return되고 배출조건(30ltrs/mile)이 만족된 것으로 확인

이 되면 Discharge Control Valve가 Open되어 선외로 배출이 된다.

⑤ 그러므로 초기에는 Pump의 RPM을 Discharge 가능한 Minimum RPM에서 운전함으로써 Slop으로 Return될 때 Settling되어 있는 상태를 가능한 한 적게 흐트리도록 해야 한다.

⑥ ODME에서 분석결과 배출조건이 만족되고 선외로 배출 Discharge Control Valve가 Open되어 선외로 배출될 때 Pump RPM은 가능한 Minimum 상태로 운전하여 가능한 한 많은 해수를 선외로 배출하도록 한다.

⑦ Main 카고펌프로 배출하다가 배출범위를 초과하여 Discharge Control Valve가 Close되면 카고펌프에 의한 배출은 중단한다.

⑧ 카고펌프 Stop 후 다시 24시간 이상이 경과한 후 유수 경계면을 체크하여 해수의 양이 많을 때는 Stripping Pump를 이용하여 ODME Discharge Line으로 배출하고 허용치를 초과하여 Discharge Valve가 Close되면 남은 유성수는 Residue Tank로 이송한다.

⑨ Residue Tank에 이송된 유성수는 육상 수용시설이 있는 Terminal이나 Bunker Barge에 양륙하여 Discharge Certificate를 발급받아 보관하고 Oil Record Book II에 기록한다.

7. Tank Cleaning 방법

(1) Closed Cycle

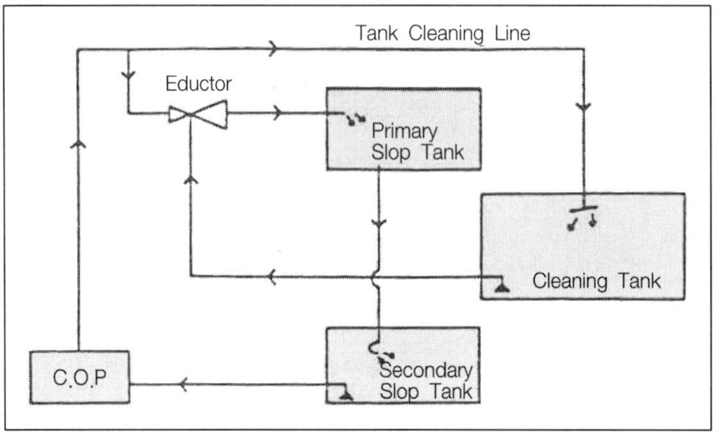

〈그림 4-18〉 Closed Cycle-Tank Cleaning

① Washing Water와 Eductor용 Driving은 특정한 탱크, 주로 Slop Tank에서 Cargo Oil Pump에 의하여 순환되고, 또 Stripping된 기름도 역시 특정 탱크에 Gathering된다.

② 이 방법은 Collection Tank의 Ullage 변화가 적으므로 이 탱크의 Overflow에 의한 해상오염방지에 효과적이다.

(2) During Voyage

① 항해중 Tank Cleaning 방법은 Close Cycle로 하여야 한다.

② Deck Delivery Valve는 모두 Shut되어 있어야 한다.

③ Full Washing만을 하여 Stripping을 하거나 Top Washing, Bottom Washing 단계로 나누어서 Cleaning을 한 후 Stripping을 한다.

④ Gas Free 후 탱크 내 상태를 점검하여 필요 시 Portable Machine을 사용한다.

⑤ Cargo Well이 없는 경우는 Stripping 시 Trim은 보통 LBP의 2~2.5% 정도 필요하나, 있는 경우는 2m 정도면 충분하고 항해중에는 더 큰 Trim이 필요하다.

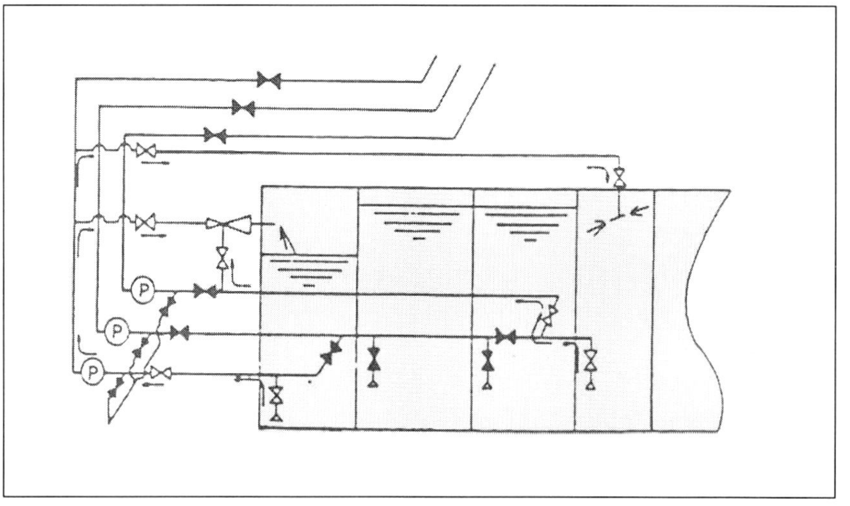

〈그림 4-19〉 Open Cycle-Tank Cleaning

10 Ballast Handling

선장은 MARPOl73/78 규정과 항만규칙에 따라 Ballast 취급을 안전하게 수행해야 할 책임이 있다. 또한 1등항해사의 Ballast 작업계획과 작업진행을 승인하고 감독해야 한다.

1. Arrival Ballast

선박은 안전항해, 항만규칙 및 선박조종 특성에 적합한 최소 Ballast를 가지고 Loading Port에 도착해야 하며, Ballast는 진동을 최소화하고 Terminal에서 배출작업이 순조롭게 진행되도록 적절히 분배해야 한다. 항구 내에서 Clean Ballast를 배출할 경우에도 해양오염방지를 위한 해면감시 등 모든 노력/주의를 다해야 한다.

2. 적하중 Deballast

① Ballast는 펌프 용량과 안전운전 범위내에서 Terminal 허용 최대율로 Deballasting해야 한다.

② 적하작업중 기상조건을 감안한 Metal Arm, Gangway의 안전관리를 위하여 과도한 Freeboard가 발생되지 않도록 Deballasting 속도를 적절히 조정해야 하나 어떤 경우에도 Berth의 최대 허용 Draft를 초과하지 않도록 유의해야 한다.

③ 1등항해사는 선체허용 응력을 초과하지 않는 Ballast 작업계획을 수립 · 시행해야 한다.

3. Departure Ballast(출항 Ballast)

선박은 항구 출항 시 당해 항해중 예상되는 기상상태에 대비하여 선체응력, 복원성 및 안전한 선박조종이 가능하도록 충분한 Ballast를 적재해야 한다. 만약 기상조건의 악화로 Dirty Ballasting을 시작할 경우, 특히 Sea Valve를 Open할 때는 해양오염을 방지할 수 있도록 절차를 수립하여 안전하게 작업을 진행해야 한다.

4. 양하중 Ballasting

Ballast는 Trim & Stability Booklet에 의해 권고된 레벨까지 적재하고, 선박의 안전을 충분히 고려하여 당시의 특별한 상황에 따라 Ballasting해야 한다.

① Ballast는 선체허용응력 한계 내에 있도록 분배해야 하고, 선장은 Ballast Loading, Transferring, Discharging의 효과에 대해 검토, 확인해야 한다.

② 선장은 Ballast 적재 시 유동수 영향과 해양오염방지에 대한 특별한 주의를 다해야 한다. 또한, 항상 추진기가 잠길 수 있도록 충분한 Ballast를 적재해야 한다.

5. Pump Room Line Up, Ballasting

1등항해사는 Ballast 작업 전에 펌프룸 및 탱크 밸브의 Line Up이 정상적인지 확인하고, 기관실에 펌프 사용을 통보한 후 Ballasting 작업을 실시한다.

① 상기 작업에 대한 절차는 CCR과 펌프룸 내 적절한 곳에 게시하고 활용해야 한다.

② Ballast 작업을 위한 펌프룸에서의 Line Up은 1등항해사의 감독하에 실시해야 한다. 신임 1등항해사가 Cargo System을 완전하게 파악하고 있지 못한 경우에는 선장이 직접 상기 작업을 감독 또는 입회해야 한다.

6. Tank Watch While Ballasting

1등항해사는 작업중 Ballasting이 정상적으로 진행되고 있는지 정기적으로 탱크를 점검해야 한다.

7. Ballast Handling Checklist

1등항해사는 Clean Ballast 배출 및 Dirty Ballast 적재에 대한 체크리스트를 선박상황에 맞게 활용하여 작업을 안전하게 진행해야 하며, 점검한 기록은 보관 유지해야 한다.

8. Ballast Hazards

선장은 전 승무원들이 Ballast 작업에 관련된 잠재위험을 숙지하고 있는지 점검, 확인해야 하고, Ballast 작업 시에도 발화위험에 대비 주의해야 한다.

9. Heavy Weather Ballasting

선장은 Trim & Stability Booklet에 따라 악천후를 대비한 Heavy Ballast 작업에 대해 숙지하고 있어야 하며, 경험과 지식에 따라 선박의 안전에 대한 신중한 판단을 해야 한다.

Heavy Ballast를 할 필요가 있을 때는 사전에 운항관리부와 안전문제를 상호 협의해야 하며, Slack Tank 및 응력의 최소화에 대한 신중한 주의를 해야 한다.

항해중 태풍 등의 악천후 조우로 불가피하게 화물 탱크에 Ballast 적재를 해야 할 경우 선장은 Heavy Ballast Tank에 Water Washing 및 Stripping을 실시하고, Pump Line 등은 충분히 Draining 또는 Stripping하여 유성분을 최소화해야 한다. 또한, Ballast 적재 전 탱크 상태를 점검하여 적합성 여부를 확인해야 한다.

11 Inert Gas System

1. Inert Gas System의 개요

IGS란 Inert Gas System의 약어로서 카고탱크 내에 불활성 가스를 공급하여 탱크 폭발화재를 방지하기 위한 장치를 말한다. 불활성 가스는 보일러의 배기 가스를 사용하는데, 이 배기 가스는 극히 고온이며 유황성분, 그을음 등의 불순물을 포함하고 있으므로 이를 탈황, 탈진, 냉각시켜 양질의 불활성 가스로 만든 다음 Blower를 이용해 카고탱크 내에 주입시킨다.

Inert Gas로는 Flue 가스를 이용하는 것 이외에도 IGG(Inert Gas Generator)를 사용하여 산소농도가 아주 낮은 불활성 가스를 만드는 방법, 순수한 N_2 또는 CO_2를 사용하는 방법 등이 있다.

2. Inert Gas System의 원리

화재 및 폭발의 3요소 중 한 가지라도 부족하게 되면 화재 및 폭발의 위험이 제거된다. 탱커선의 경우 원유를 운송하는 선박으로 세 가지 요소 중 가연성 가스 및 연료는 항상 운송하므로 제거 불가, 발화원은 나화 또는 정전기에 의해 발생할 수 있으므로 제거가 불가하나. 그러나 산소는 탱크가 밀폐구역으로 대기와 격리되어 있기 때문에 Inert Gas를 공급하여 탱크 내 산소농도를 8% 이하로 낮추어 화재 및 폭발을 방지할 수 있다. 따라서 화물 탱크는 대기로부터 완전히 격리되어 있어야 하고, 항상 탱크 내 압력은 대기압보다 높은 상태를 유지하여 산소흡입을 막아야 한다.

3. Inert Gas의 구성

(1) 연소가스(Basic Flue Gas)

① Carbon Dioxide(CO_2) : Approx. 13% by Volume

② Sulphur Dioxide(SO_2) : Approx. 3,000ppm

③ Oxygen(O_2) : 5% by Volume

④ Nitrogen(N_2) : Balance

(2) Inert Gas

① Carbon Dioxide(CO_2) : Approx. 13% by Volume

② Sulphur Dioxide(SO_2) : Less than 100ppm

③ Oxygen(O_2) : 5% by Volume

④ Nitrogen(N_2) : Balance

4. Inert Gas의 위험성

① 산소결핍 : Inert Gas는 산소농도 5% 이하로 Inert Gas에 노출되면 수분 안에 무의식 상태 또는 생명에 치명적인 손상을 준다.

② 소량이지만 독성 가스인 SO_2, CO 등이 포함되어 있으므로 Inert Gas가 주입된 구역에 들어갈 경우 확실한 Gas Free 및 Toxicity Gas를 제거해야 한다.

5. Inert Gas System의 구성

(1) Scrubber

① Flue Gas를 탈황, 탈진, 냉각시키는 작용을 한다. 즉, Boiler Up-Take Valve를 통하여 들어온 Flue Gas는 Scrubber 하부에 고여 있는 물을 통과하는 동안 탈황, 탈진, 냉각이 되고 상부로 올라가면서 Water Spray에 의해 계속 탈황, 탈진, 냉각이 된 후 최상부의 Demister Pad(제습기)를 거쳐 나오는 동안 제습이 되어 양질의 Inert Gas가 된다.

② IGS P/P 작동중에는 Scrubber Cooling Pump에 의하여 계속 일정량의 냉각수가 공급되어야 하며 Flow Rate가 규정치(1Bar) 이하로 하강하면 시스템이 Trip된다.

③ IGS 작동 시 Scrubber 하부에는 항상 일정량의 해수가 고여 있어야 한다. 이 물은 IGS 작동중에는 탈황, 탈진, 냉각작용을 하며, 작동하지 않을 때에는 가스의 역류방지를 위한 Water Seal의 역할을 한다. 이 물은 두 개의 Floater에 의해 Low Level과 High Level이 Control되며 High Level 시에는 System이 Trip된다.

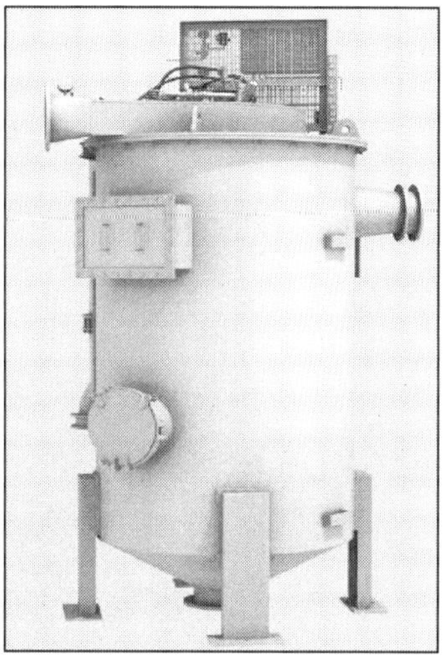

〈그림 4-20〉 Scrubber 외관

(2) Deck Isolating Valve

카고탱크와 Deck Water Seal Unit 사이에 설치된 Hyd., Non Return, 수동 밸브로서 항해 중 탱크 내의 가스가 역류되는 것을 방지한다. Non Return V/V는 다른 말로 One Way V/V 또는 Check V/V라고도 한다. IGS와 카고탱크를 연결하는 Main Line의 중요한 밸브로 수동 밸브이다. IGS 작동 여부에 맞춰서 정확하게 개방 및 폐쇄를 해줘야 한다.

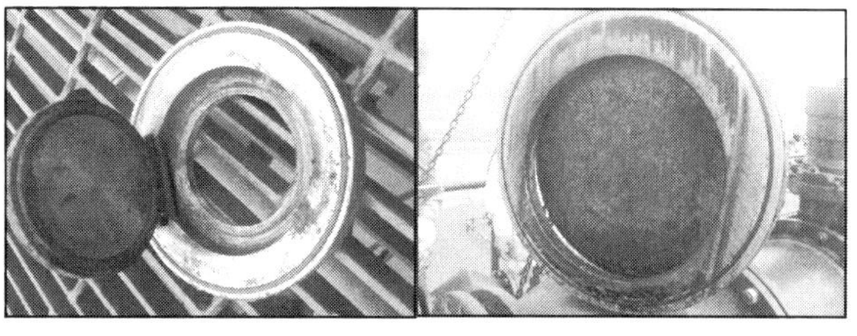

〈그림 4-21〉 Deck Isolating Valve

(3) Blower(IG Fan)

일종의 송풍기로서 Inert Gas를 카고탱크로 보내기 위한 장치이다. SOLAS 81 Reg.62에 의하면 원유선의 경우 적어도 두 대 이상의 Blower를 설치하여야 하며, 두 대의 총 용량은 본선 카고펌프 총 용량의 125% 이상이 되어야 한다. 또한 각 Blower의 배출 Head는 Deck Water Seal의 물을 밀어 올릴 수 있을 정도이어야 한다.

〈그림 4-22〉 Blower(IG Fan)

(4) O_2(Oxygen)a Analyzer

SOLAS 81 Reg.62에 의하면 카고탱크에 공급되는 Inert gas의 산소농도는 5% 이하가 되어야 하며, 카고탱크 내에서의 산소농도는 8%를 초과해서는 안 된다. O_2 Analyzer는 Blower에서 배출되는 가스를 Sampling하여 연속적으로 산소농도를 측정하고, COC의 지시기에 지시하도록 할 뿐만 아니라 산소농도 5%와 8%에서 알람이 울리도록 해주는 장치이다.

(5) Boiler Up-Take Valve

Boiler로부터 Flue Gas를 채취하는 밸브로서 항상 고온이며 그을음과 유황 성분이 많은 Flue Gas와 접하고 있으므로 장시간 사용하지 않을 경우 고착되는 수가 있다. 따라서 주기적인 작동시험 및 Local에서 Air Blowing으로 밸브를 정비해야 한다.

〈그림 4-23〉 O_2 Analyzer

〈그림 4-24〉 Deck Seal

(6) Deck Seal Unit

IGS 정지 시 카고탱크 내의 탄화수소가스가 역류하여 IG Room과 Boiler에 침투하는 것을 방지하기 위하여 Deck상에 설치한 장치이다. Sealing 방법은 Seal Unit 내에 항상 일정 수위를 유지함으로써 가스가 침투하지 못하도록 한다. 따라서 이 Unit에는 해수가 상시 Supply되어야 한다.

(7) IG Branch Valve

양질의 Inert Gas가 만들어져서 IG Main Line을 통해서 흘러 들어와 각 카고탱크에 독립적으로 Inert Gas를 주입 또는 차단을 해주는 밸브이다.

(8) P/V(Pressure/Vacuum) Breaker

IG Main Line에 설치되어 있는 안전장치로서 탱크 독립 Vent에 설정된 정압 1800mmAq/부압 700mmAq에서 Open되지 않을 경우 이 Breaker가 터져서 탱크를 보호한다. 이 P/V Breaker 내에 Water 70%와 부동액 30%로 채워져 있다.

〈그림 4-25〉 IG Branch Valve

〈그림 4-26〉 P/V Breaker

(9) High Velocity

각 탱크별 IG Line에 설치되어 있는 안전장치로서 P/V Breaker와 마찬가지로 탱크를 보호하는 안전장치이다. 탱크 내에 압력이 정압(+) 1400mmAq 이상이 되면 탱크 내의 가스를 방출하고 부압(−) 350mmAq 이하가 되면 대기를 흡입한다.

(10) Main Vent Post Valve

탱크의 압력을 낮추기 위하여 대기 중으로 방출할 때 Deck상에 가스가 모이지 않도록 하기 위해 Deck상에 높게 설치한 Vent Post Valve이다.

〈그림 4-27〉 High Velocity

〈그림 4-28〉 Main Vent Post Valve

6. Inert Gas System의 작동방법

① IGS 작동 전에 Control Air, Blower Suc. 수동 V/V, IG Deck Main 수동 V/V, Deck Seal Pump의 작동상태 및 V/V Open을 확인한다.

② IG Room에서의 O_2 Analyzer를 작동시킨다.

③ Sea Water System 작동

④ Blower 1 또는 2를 선택한다.

⑤ Flue Start Button을 누르면 IGS가 작동하다.

⑥ 산소농도가 5% 이하가 되면 Select Consumer Button을 눌러 탱크로 Inert Gas를 보낸다.

7. Inert Gas System Stop

① 정지 시에는 Stop 버튼을 눌러 정지시킨다.

② Scrubber Pump는 IGS Stop 후 약 30분 정도 계속 작동한다(Scrubber 내 Cleaning 목적).

③ Scrubber Cleaning이 끝나면 펌프를 Stop한다.

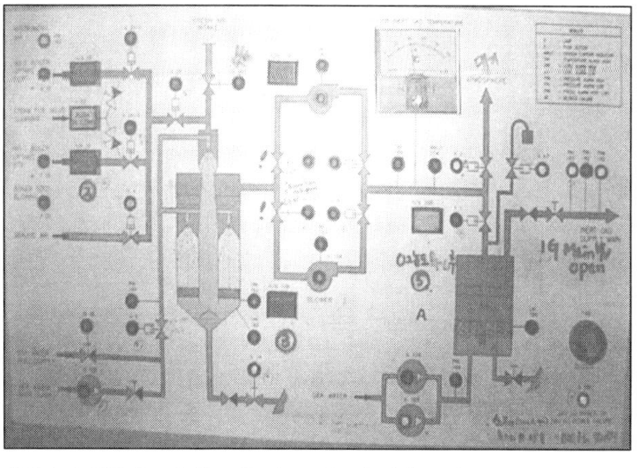

〈그림 4-29〉 Inert Gas System Control Panel

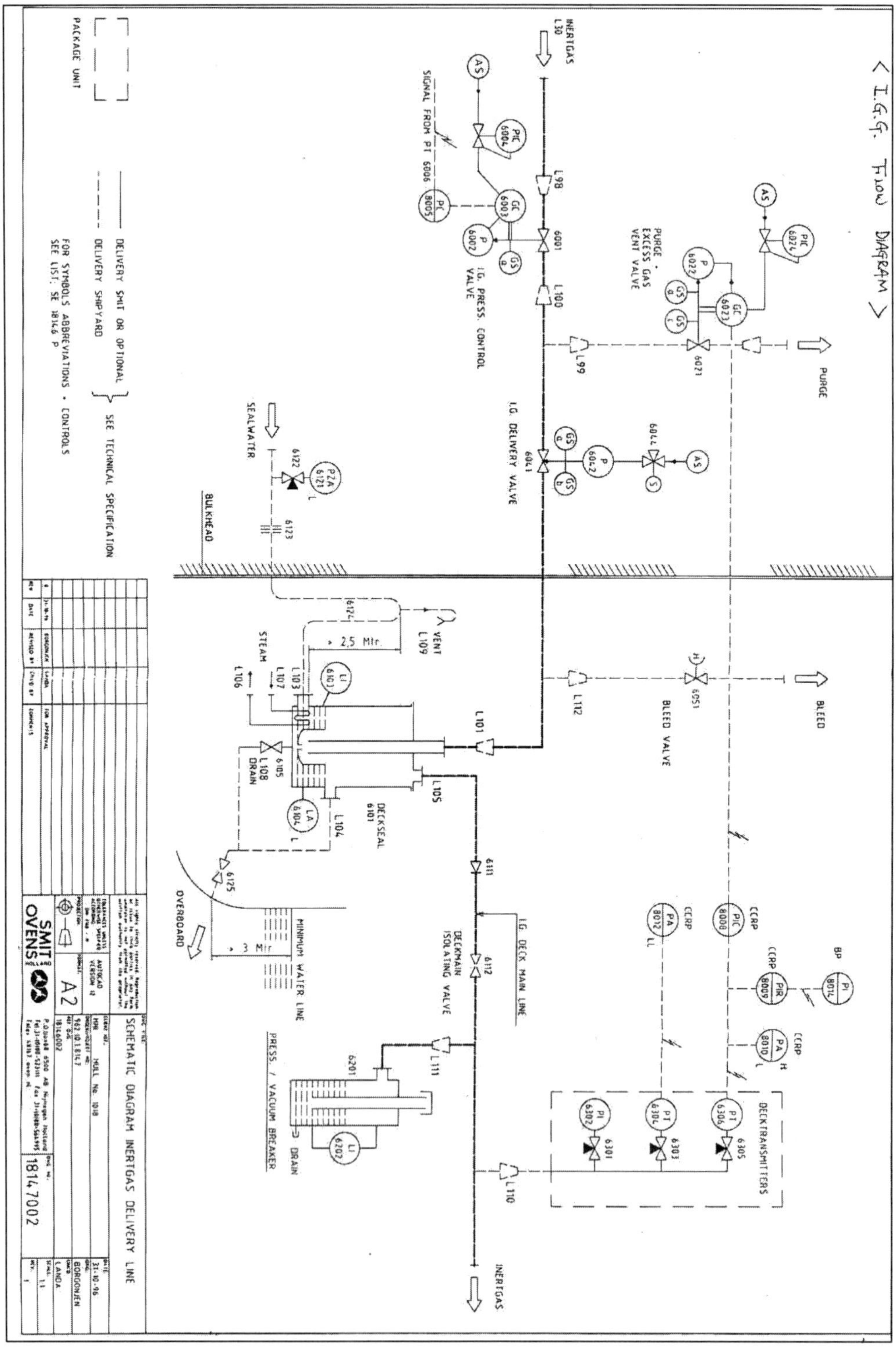

〈그림 4-30〉 Inert Gas System

12 Crude Oil Washing

탱커가 원유를 싣고 양하항을 향해 항행하면 그 항해 중 원유 속에 있는 왁스, 아스팔트 성분, 그리고 모래 등이 침전하여 탱크의 아래 부분과 탱크 내의 수평구조물 등에 쌓이게 된다.

여러 항차 동안 이 침전물이 계속 쌓이게 되면 양하의 최종 단계에서 실시하는 Stripping이 불량하게 되어 다량의 기름이 화물 탱크에 남게 된다.

또, 침전물 자체가 차지하는 용적 때문에 그만큼 화물 탱크 용적이 감소하게 되고, 화물 탱크 내에 많은 기름이 남아 있으므로 해상오염을 일으킬 확률이 그만큼 많게 된다. 목적은 화물 탱크 내의 침전물을 제거하고 탱크 내의 잔유량을 최소화시키기 위하여 Tank Cleaning을 한다.

1. Tank Cleaning의 분류

(1) Water Washing

화물 탱크의 침전물을 제거하는 전통적인 방법으로 해수를 사용하여 Tank Cleaning하는 것이다.

(2) Crude Oil Washing(COW)

양하하는 원유의 일부를 탱크 세정관과 세정기를 이용하여 고압 Jet상태로 탱크 내에 분사시켜 침전물을 분해 및 용해시켜 적하당시의 상태로 환원시켜 카고와 함께 육상으로 양하하는 것을 말한다(discharging의 경우 작동).

2. 원유세정과 해수세정의 비교

(1) 원유세정의 장점

① 오염방지의 효과가 있다.

② 양하의 효과가 크다.
③ 기름과 해수의 혼탁 방지효과가 있다.
④ 화물의 운송용적이 증가된다.
⑤ Tank Caleanig에 필요한 시간과 비용이 절감된다.
⑥ 탱크의 방식효과가 있다.
⑦ 항해중 정비작업할 시간이 늘어난다.

(2) 원유세정의 단점

① 양하작업 및 시간이 늘어난다.
② 원유세정용 장비의 추가비용이 생긴다.
③ 안전과 해상오염의 위험도가 높아진다.
④ 추가 인원에 대한 비용이 생긴다.

(3) 원유세정이 해수세정보다 효과적인 점

① 해수세정은 고압분사에 의한 직접적인 Hitting뿐이지만, 원유세정은 직접 Hitting뿐만 아니라 Splash-Back 효과(반사류에 의한 세정효과)도 있다.
② 원유는 침전물을 용해시키고 침전작용을 멈추게 하는 효과가 있다.
③ 쉽게 사용할 수 있는 세정액이다.
④ 침전물을 잘 운반한다.
⑤ 기름은 부식성이 없다.
⑥ 양하와 동시에 실시하여 젖은 탱크 표면에 세정하므로 효과적이다.

3. Dirty Cleaning Water 배출요건

① Baltic Sea, Mediterranean Sea, Black Sea, Red Sea, Aden Wan, Persian Sea & Below LAT. 60S 해역에서는 배출금지(특별 해역)
② 항행중일 것
③ 유분의 순간 배출률이 1해리당 30리터 이내일 것
④ 1회의 항해에 배출되는 유분이 총 화물 적재용량의 30000분의 1 이하일 것

⑤ 배출은 육지로부터 50해리 이상 떨어진 곳에서 행할 것
⑥ ODME(Oil Discharging Monitoring Equipment)를 작동시켜 배출할 것

4. COW의 절차

(1) COW의 발달과정

1960년대 말 대형 탱커에서 Tank Cleaning 작업중 발생한 연쇄 폭발사고 이후 그 원인을 분석하면서 정전기에 대한 연구와 함께 IGS가 개발되고 원유세정에 대한 연구가 시작되었다. 1973년에서 1976년 사이에는 대형 석유회사와 독자적인 탱커 선주들이 LOT 방식과 같이 경제적인 목적에서 원유세정을 개발하였다. 1977년 12월 IMO에서 네덜란드 대표의 중장에 의해 원유세정은 탱커 운항의 한 방식으로 채택되었다. 1978년 2월 미국의 카터 대통령의 제안으로 TSPP에 관한 회의가 런던에서 개최되었고, MAPOL 73에 대한 수정안으로 채택되었다. 이 수정안에서 4만 DWT 이상인 탱커는 SBT를 설치하든가 원유세정을 하여야 한다. 또, 원유세정을 하기 위한 모든 선박은 IGS가 장치되어야 하고 고정 세정기가 설치되어야 한다.

〈그림 4-31〉 COW Machine

(2) 원유세정 방식

1) 1단계 방식

① Non-Programmable Fixed-In-Place Cleaning Machine을 장비한 선박에서 이용되는 방식이다.

② 기름이 Bottom 1m 남아 있을 때 원유세정을 시작하며, 탱크 내의 상부, 중부, 하부를 동시에 세정한다.

③ 보통 3Pass(1 1/2Cycle)이면 충분하다.

2) 다단계 방식

① 탱크 내부의 구조물에 부착되어 있는 침전물을 머무르게 하지 않고 기름 속으로 계속 흘러내리게 하여 기름과 함께 침전물을 양하하기 위하여 양하중인 탱크를 몇 단계로 나누어 세정하는 방식이다. Programmable Fixed Tank Cleaning Machine이 가입된 선박에서만 가능하다.

② 유면이 내려감에 따라 탱크 상부에서 Bottom까지 여러 단계로 나누어 실시하는데 보통 3단계로 나눈다(Bottom Wash(0°~50°), Top Wash(50°~140°), Full Wash(0°~140°)).

③ Heating Cargo를 적재한 경우 이 방식을 사용하면 탱크 구조물 내에서 원유가 응고되기도 전에 세정할 수 있으나, 매 단계에서 원유세정이 중단될 경우에는 해당 라인 및 세정기에 들어 있는 원유가 응고되므로 그 때마다 배출해야 하므로 번거롭다.

3) Top Washing

① 양하중인 탱크에서 어느 정도 양하가 진행되어 탱크 상부가 비었을 때 실시한다.

② Center Tank보다는 구조가 복잡한 Wing Tank가 더 유용하다.

③ COP의 용량이 충분하여 8.0~12kg/cm^{2}의 압력을 유지할 수 있으면 2~3 탱크를 동시에 실시한다.

④ 탱크 상태에 따라 다르지만 Wing Tank는 2Cycle, Center는 1Cycle 정도로 한다.

⑤ Oil Contamination에 유의하며, 즉 같은 종류의 화물로 실시한다.

⑥ Gaugeing Equipment

4) Bottom Washing

① 해당 탱크가 거의 비었을 때 실시한다.

② Stripping도 해야 하므로 4~6m의 Trim을 유지한다.

③ 육상 측의 허락을 얻으면 다른 종류의 화물로 Bottom Washing을 할 수 있다.

④ Cleaning Machine수는 Stripping 능력에 따라 제한된다.

⑤ Stripping한 기름은 육상으로 보내거나 Slop Tank로 모아 육상으로 보낸다.

⑥ 앞쪽 탱크에서 뒤쪽 탱크로 세정한다.

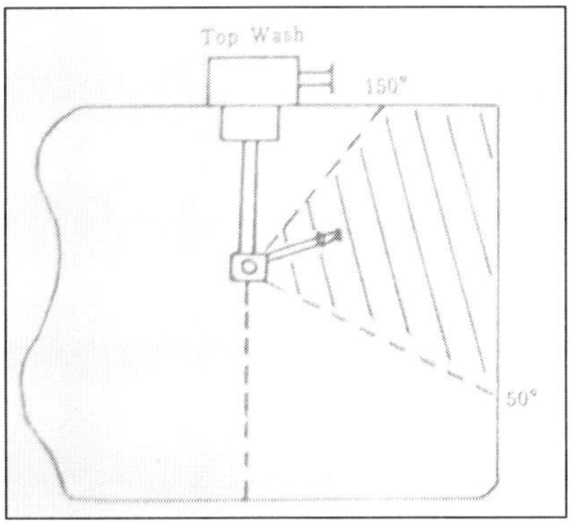

〈그림 4-32〉 Top Wash

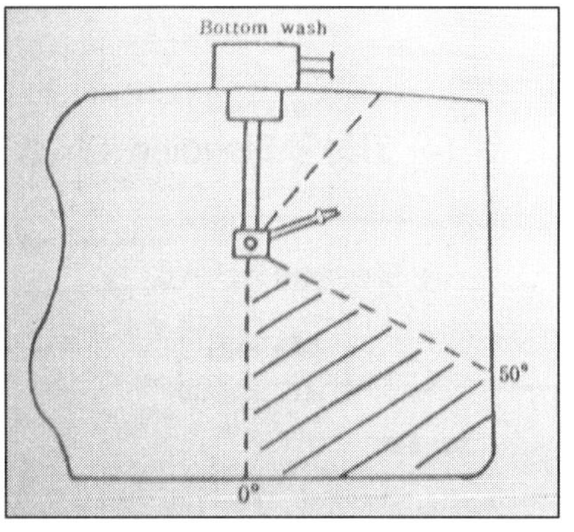

〈그림 4-33〉 Bottom Wash

(3) 양하와 원유세정의 순서

① 양하 초기에 IGS 시동과 카고펌프의 시동은 동시에 한다.

② Slop TK를 우선 양하하고 원유세정 후 다시 Refilling한다.

③ 일반적으로 앞 탱크에서 뒤 탱크로, Wing Tank에서 Center Tank순으로 양하한다(양하 시 Trim, Heeling 모두 고려해서 작업을 하기 때문).

④ 다단계 방식에서 어느 탱크든 1/3이 비었을 때 Top Washing을 실시한다.

⑤ Cycle 수(시간도 고려한다)는 원유의 종류와 침전물을 고려하여 탱크 상태를 기초로 하여 결정한다.

⑥ Suction Group별로 탱크가 Empty되면 Bottom Washing을 실시한다. 이때 Draining Capacity에 따라 세정기 수를 결정한다.
⑦ 가능하면 Bottom Washing시 Open Cycle로 한다.
⑧ Close Cycle로 하는 경우 Slop Tank는 4~5탱크를 세정한 후 새로운 Dry Oil로 바꾼다.
⑨ Bottom Washing 중 Trim은 적어도 4m 이상 By The Stern이어야 한다(stripping을 원활하게 하기 위해서).
⑩ 순환식이나 Closed Cycle을 되도록 줄여서 Solvent 효과를 높인다.
⑪ 하나의 탱크는 양하가 끝날 때까지 충분한 Pump Head를 갖도록 한다.
⑫ 편리한 시간에 선체강도와 흘수를 확보하기 위해 Ballast를 적재한다.
⑬ 원유세정이 끝난 탱크는 탱크 검사 후 Dry Certificate를 발부받아 Ballasting을 실시한다.

(4) 양하중 Bleeding Off 방법

1) Closed-Cycle

① Washing Oil과 Eductor용 Driving Oil을 특정 탱크, 주로 Slop Tank에서 COP에 의해 순환되고, 또 Stripping된 기름도 역시 특정탱크로 Gathering된다. 이 방법은 특정 탱크의 Ullage 변화가 적으므로 Overflow에 의한 해양오염방지에 효과적이다.
② 특정 탱크의 기름을 계속 사용하면 용해효과가 떨어지므로 때때로 Dry Oil로 바꾸어 두어야 한다. 보통 4~5 탱크를 세척 후 실시한다.

2) Open-Cycle

① Washing Oil과 Eductor Driving Oil을 양하중인 탱크에서 끌어내어 특정 탱크로 배출한다.
② 화물량과 펌프 용량이 충분하면 육상으로의 양하는 동일한 펌프로 한다.
② 특정 탱크, Slop Tank의 Ullage 변화가 급격히 증가하기 때문에 특별히 유의해야 한다.

3) 양지 간 항해중 세정방법

① Closed Cycle이다.

② Deck Delivery V/V는 모두 Shut되어 있어야 한다.

③ Top Washing만을 하거나 각 탱크에 조금씩 남은 기름을 한 탱크에 모르고 Bottom Washing까지 행한다.

③ Bottom Washing 시에는 통상 항해중 보다 더 큰 Trim이 필요하다.

5. 원유세정 시 안전대책

(1) 누유사고의 방지

① 누유시험(Pressure Test) : 입항 전에 원유로 세정 라인 계통을 압력으로 시험한다. 이때는 세정 라인뿐만 아니라 Cargo Line에도 압력을 걸리게 하여 시험한다.

② 세정기의 구동부분으로 누유가 발생하기 쉬운 장치는 다음과 같다.

- Valve Grand
- Valve Flange
- Expansion Joint

③ 압력시험은 원유로 하는 것이 원칙이나 필요 시 해수로도 할 수 있다. 이 실험 결과를 체크리스트와 Log Book에 기재한다.

(2) 원유세정 개시 시의 주의사항

① 원유세정 개시 시에는 세정 계통라인 전체의 누유에 대하여 점검한다. 특히, 야간에는 발견이 어려우므로 주의해야 한다.

② Drip Pan, 톱밥, Waste, Oil Catcher, Oil Spill Remover 등을 준비한다. 또, Valve Grand에서 새어나올 기름에 대비하여 공구들을 준비한다.

(3) 원유세정중 검사사항

① 적어도 1인 이상은 항상 갑판에 있고 다음 사항을 점검한다.

② 모든 V/V의 Grand 부분, Pipe Flange, Expansion Joint
③ 세정 라인의 압력
④ 세정기의 정상 작동여부 검사
⑤ Slop Tank의 Sounding
⑥ 원유세정이 끝나면 세정라인을 Draining한다.

6. 화재 · 폭발의 방지

① Inert Gas로 탱크 분위기를 적절히 조절해야 한다.
② 산소농도의 규제 : 원유세정 전의 카고탱크 내의 산소농도는 8% 이내이어야 하고 또 원유세정 중에도 8% 이내이어야 한다.
③ 산소농도 측정 시 주의
- 산소농도는 휴대용 산소농도계로 측정한다.
- 측정용 Hole이 있으면 그것을 사용하거나 Ullage Hole 또는 Hand Dipping Hole을 이용한다.

④ 카고탱크 내의 정압유지
⑤ 원유세정의 중지
- 공급되는 Inert Gas의 산소농도가 8% 이상일 때
- 탱크 내 압력이 정압이 아닐 때
- 기름 누설이 심하여 오염 위험이 있을 때
- 인원이 불충분할 때

⑥ 수분이 포함되지 않은 세정유를 사용 : 세정유에 해수가 혼입되어 있으면 정전기의 발생이 크게 된다.
⑦ Checklist : 원유세정 작업을 Manual에 따라서 확실히 실시하고 또 누유, 화재, 폭발방지 등에 대한 안전을 확보하기 위해서는 체크리스트를 활용하여 작업의 각 단계에서 체크를 확실히 하지 않으면 안된다.

7. 세정기

(1) 세정압력

① 세정 라인의 압력은 8~12kg/cm^{2}을 유지해야 한다.

② Jet 분사는 탱크 내의 모든 구역에 도달할 정도의 압력 또는 Splash-Back 효과를 일으키기에 충분한 속도를 가진 압력이어야 한다.

③ 압력이 너무 낮으면 노즐의 회전이 너무 느리고 Jet 분사의 충격력도 너무 약해진다. 반대로 너무 높으면 노즐의 회전이 너무 빨라서 Jet 분사는 끊어지고 분무현상이 생긴다.

(2) 세정기의 수

① Bottom Washing의 경우 세정기의 수는 유지해야 할 세정압력과 Stripping 능력에 의하여 결정된다.

② Stripping 용량은 사용하는 전체 세정기 용량의 1.25배가 되어야 하나, 실제 Stripping 용량은 보통 Edector 용량의 80% 정도로 보면 된다.

③ 한 탱크에 설치된 모든 세정기를 동시에 사용하면 좋으나, 그렇지 못하면 Stripping 관계를 고려하여 그 수를 조정한다.

④ Top Washing을 할 때는 압력유지만 가능하다면 두 탱크 이상 동시에 할 수 있다.

(3) 세정 결과에 영향을 주는 조건

① 세정기의 수와 위치

② 세정 라인의 압력

③ 노즐의 직경

④ 세정시간

⑤ 세정기의 노즐각

⑥ Bottom Washing 시에 Trim

⑦ Top Washing 시 세정할 때의 Ullage

⑧ Stripping System의 능력

13 선적 · 양하 관련 문서

1. 선적 · 양하 공통되는 문서

(1) Notice Of Readiness

NOR(Notice Of Readiness)은 입항 시 중요한 서류로서 본선이 적하 및 양하준비가 되었다는 것을 증명한다. 입항시간으로 적용이 되며, 이 서류는 접안 시 CIQ(입항서류)의 한 부분을 차지한다. 내용으로는 적화화물, 선명, PORT, 날짜 등이 포함된다.

NOTICE OF READINESS

Vessel : ____________________
Port : ____________________
Terminal : #1 SBM
Date : ____________________

To : ____________________

Dear Sirs,

In accordance with the terms and conditions of the Charter Party with ____________________,
dated ______________ I hereby tender you the M.T. ______________ as being ready
in all respects to commence discharging of the following cargoes:

1. Grade and Quantity : ARAB HEAVY C.O. / 699,482 BBLS AT 60F (98,809.82 MT)
2. Grade and Quantity : KUWAIT EXPORT C.O. / 1,081,517 BBLS AT 60F (150,086 MT)
3. Grade and Quantity : N/A
4. Grade and Quantity : N/A

at : ______________ **LT** hours on : **16th August** **2003**.

Ship's Stamp

Signature/Name of Master

〈그림 4-34〉 Notice of Readiness

(2) Time Sheet

선박의 입출항, 화물선적 및 양하에 관한 사항을 기입한 문서로 선박회사에 보내어 회사가 본선의 상황을 파악할 수 있도록 한 문서이다. 각 시간은 선적항 및 양하항에서의 비용과 기타 문제에 대한 증거가 되므로 육상측과 동일한 값이어야 한다. 화물작업이 모두 끝날 무렵 3항사가 작성하며 각 시간은 정박일지, Bell Book과 동일해야 한다.

CORAL SEA SHIPMANAGEMENT LTD.

TANKER TIME & UNLOADING REPORT

M/T HANBADA　　VOY.NO: ____　　DATE: ________　　PORT: ________
TERMINAL/BERTH: ________　　AGENT: ________

KEY EVENT	DATE / TIME (GMT +9)	REMARK
Arrived	2002.12.24 07:00	Port arrived from : FUJAYRAH U.A.E
Anchored at	-	Elapsed time (Arrival~Finished mooring): Hr Mins
Pilot on board (NAME CH S KIM)	2002.12.25 08:30	Delays :
Anchor aweigh	-	
Commenced mooring	2002.12.25 09:40	
Finished mooring	2002.12.25 09:55	Tugs names : SUNJIN 909 , DAERYONG 309
N/R tendered	2002.12.24 07:00	
N/R Received	2002.12.24 10:48	Number & size : 2 x 16" (PORT SIDE)
Tugs alongside	2002.12.25 08:55	Amount ballast berthing : M/T
Tugs away	2002.12.25 10:00	Elapsed time (Finished mooring ~ Commenced cargo) : H Mins
Hoses connected	2002.12.25 10:25	Delays :
Commenced deballasting	-	Total cargo unloaded at this berth.
Finished deballasting	-	G/BBLS M/T
Tank inspected for unloading	2002.12.25 11:20	Rate unload : G/BBLS
Commenced discharging	2002.12.25 10:50	Stoppages : Hr Mins
Finished dischargng	2002.12.27 11:45	(Show time & reasons) :
Tank gauged after unloading	2002.12.27 12:00	03:05 / 26th - 15:45 / 26th
Hoses disconnected	2002.12.27 12:15	Stopped discharging due to bad weather. (on SK No.2 SBM)
Commenced ballasting	2002.12.25 10:50	
Finished ballasting	2002.12.27 10:00	(03:05 26th : Stopped discharge. 03:40 26th : Hoses off. 03:55 26th : Buoy off.
Commenced bunkering at berth	-	14:55 26th : Buoy on. 15:15 26th : Hoses on. 15:45 26th : Resumed discharge.)
Finished bunkering at berth		
Pilot on board (Name:)	2002.12.27	Amount ballasting unberthing : M/T
Tugs alongside	2002.12.27	Tug names :
Tugs away	2002.12.27	Elapsed time(Finished cargo ~ cleared berth) Hr Mins
Commenced unmooring	2002.12.27	Delays :
Cleared berth (Departure)	2002.12.27	
Pilot off	2002.12.27	
Anchored at	N/A	Elapsed time(Cleared berth ~ Departure) : Hr Mins
Bunker barge alongside	N/A	
C/bunkering at anchorage	N/A	
F/bunkering at anchorage	N/A	
Bunker barge away	N/A	Destination :
Anchor aweigh (Departure)	N/A	

SUMMARY

Time in port(Arrived~Departure) D H M		Draft at berth		
Time in berth(F/M~C/B) D H M	Arrival		Departure	
Time(Ballasting) D H M	FWD	17-70	FWD	7-75
Time(Discharging) D H M	Mid		Mid	
Amt. bunkers at ARR. HF 1,619.26 MT MDO 31.20 MT	AFT	18-65	AFT	11-55
Amt. bunkers taken HF MT MDO MT	Mean		Mean	
Amt. bunkers at DEP. HF 1504.31 MT MDC 31.20 MT				

Representative of Terminal　　　　Master Of M/T HANBADA

(210mm X 297mm)106

〈그림 4-35〉 Tanker Time & Unloading Report

(3) Ullage Report

ULLAGE REPORT

SHIP NAME :
VOY. NO :
DATE :

PORT :
DRFT F: 20.22 mtrs
DRFT A: 20.22 mtrs

CARGO GRADE	API
FROZAN CRUDE	29.50

L/T FACTOR	M/T FACTOR
0.13722	0.13942

	ULL	'F	TOV(bbls)	OBQ	DIP	F/W	GOV(bbls)	T - 6A	GSV(bbls)	M/T
1C	1.40	92.7	167,210			124	167,086	0.9856	164,680	22,959.680
2C										
3C	11.20	96.4	119,306			0	119,306	0.9838	117,373	16,364.178
4C										
5C	1.63	95.4	173,891			130	173,761	0.9842	171,016	23,842.992
1P										
1S										
2P	1.54	93.6	128,893			68	128,825	0.9851	126,906	17,693.166
2S	1.72	93.7	128,025			68	127,957	0.9851	126,050	17,573.952
3P	2.23	94.8	125,461			103	125,358	0.9844	123,402	17,204.765
3S	2.83	95.7	122,454			138	122,316	0.9842	120,383	16,783.855
4P	1.53	94.3	129,005			69	128,936	0.9847	126,963	17,701.220
4S	1.49	95.0	129,213			69	129,144	0.9844	127,129	17,724.374
5P										
5S										
SP	3.87	94.3	28,005			27	27,978	0.9847	27,550	3,841.012
SS	3.62	94.8	28,456			18	28,438	0.9844	27,994	3,902.975
LINE VOL										
TOTAL			1,279,919.0			814	1,279,105		1,259,447	175,592.169

**BEFORE FREE WATER : 814 BBLS
** RC'VD FREE WATER : BBLS

SHIP'S FIGURE		
TCV	1,260,261	BBLS 60F
TRV	1,260,261	BBLS 60F
LOV	1,259,447	BBLS 60F
G. L/T	172,821.384	L/T
G.M/T	175,592.169	M/T
N. L/T		L/T
N. M/T		M/T

SHORE FIGURE		*DIFFERENCE*
G/BBLS		BBLS60F
N/BBLS		BBLS60F
G. L/T		L/T
G. M/T		M/T
N. L/T		L/T
N. M/T		M/T
	0.0859	% SHIP MORE

REMARK:
1. Used TABLE 6A
2. GOV=TOV- FREE WATER
3. TCV = Total Calculated Volume @60 F (GSV + FREE WATER)
4. TRV = Total Received Volume @60 F (TCV - OBQ)
5. LOV = Loaded Oil Volume @60 F (TRV - FREE WATER)

INSPECTOR　　CHIEF OFFICER　　MASTER

〈그림 4-36〉 Ullage Report

앞의 문서는 원유화물을 선적 후 탱크별로 Ullage를 측정한 것으로 선박에서 계산한 화물량(Ullage를 이용하여 계산)과 육상측에서 제공한 화물량(시간당 펌프로 제공한 양)을 비교하여 최종적으로 검사관, 일항사, 선장의 서명으로 이상이 없음을 서로 확인하는 문서이다. 화물선적이 모두 완료된 후에 Inspector와 선장, 항해사가 함께 Deck에 나가 각 탱크의 Ullage를 확인한 후 Ship's Office에서 최종 계산하고 서명한다.

1. 적하 전 화물 탱크의 Ullage
2. 적하 후 화물 탱크의 Ullage
3. 양하 전 화물 탱크의 Ullage
4. 양하 후 화물 탱크의 Ullage

(4) Hourly Ullage / Volume Record

HOURLY ULLAGE / VOLUME RECORD

Ship's Name: Voyage: Date: / / Port : Chief officer : ____________

Cargo: / API: TEMP.: Factor to M/T:

TIME																		
TANK	ULG	VOL	ULG	VOL	ULG	VOL	ULG	VOL	ULG	VOL	ULG	VOL	ULG	VOL	ULG	VOL	ULG	VOL
1C																		
2C																		
3C																		
4C																		
5C																		
1P																		
1S																		
2P																		
2S																		
3P																		
3S																		
4P																		
4S																		
5P																		
5S																		
SP																		
SS																		
Total																		
Rate																		
To Go																		
ETC																		
DF/DA																		
TRIM																		
BM/FR																		
SF/FR																		
BALLAST																		
sea surface																		

〈그림 4-37〉 Hourly Ullage / Volume Record

각 회사마다 Ullage Record 양식은 다르지만 기본적인 사항은 위와 같다. Ullage Record는 매시간 화물 탱크의 Ullage와 그에 해당하는 화물량을 기입하는데 해당시간대의 화물선적 및 양하속도(rate)는 얼마나 되는지, 지금까지의 선적 및 양하량(total)과 앞으로 선적 및 양하할 양(to go), 그리고 화물선적 및 양하 종료 예상시간(Estimated Time of Complete : ETC)을 기입한다.

육상 측 Loading Master나 직원이 본선의 값을 물어보는 경우도 있고 추후 화물량을 총 계산할 때에 사용되므로 정확하게 기입해야 한다. 가장 중요한 점은 매시간 타이밍을 놓치지 않고 1시간 간격으로 적어야 하는 것인데 이 시기를 놓치면 Rate 계산도 틀리지만, 화물량 계산에 있어 육상측과 차이가 생길 수 있으므로 각별히 유의한다.

2. 선적 관련 문서

(1) Loading Plan

적부계획서로써 각 탱크별로 어떤 원유화물을 얼마만큼 적부할 것인지 표로 정리해 놓은 문서이다.

각 화물의 API 비중, 온도, VCF, WCF가 표시되어 기본적인 화물의 성질을 파악할 수 있으며, 그 아래에는 각 탱크마다 적하할 화물을 배치하고, 화물을 채웠을 때의 Ullage, Volume(TOV, GVS), Percentage, M/T을 기입되어 있어 각 탱크 용적에 해당하는 화물의 양을 확인할 수 있다. 화물을 적부했을 때의 선체 Draft와 모멘트 등, 출항 시 선박의 컨디션도 미리 볼 수 있다.

LOADING PLAN

VESSEL : VOY:

DEPARTURE CONDITION FROM MINA AL FAHAL DATE:

PRODUCT		API	TEMP	VCF	WCF
AA	RATAWI	24.40	65	0.9979	0.14399
BB	UPPER ZAKUM	34.30	80	0.9906	0.13538
CC	OMAN	32.80	100	0.9815	0.13662
DD					

TANK	OIL	ULLAGE	TOV(BBL)	%	GSV(BBLS)	M/T
1C	AA	4.27	149,912	88	149,601	21,541.0
2C	BB	1.90	183,341	97	181,615	24,587.1
3C	AA	3.00	175,577	93	175,212	25,228.8
4C	AA	3.00	175,556	93	175,191	25,225.7
5C	BB	1.50	174,734	98	173,090	23,432.9
1P	BB	2.00	106,084	96	105,086	14,226.5
1S	BB	2.00	106,163	96	105,164	14,237.1
2P	CC	1.61	128,533	98	126,151	17,234.8
2S	CC	1.61	128,567	98	126,184	17,239.3
3P	BB	3.00	121,605	93	120,461	16,308.0
3S	BB	3.00	121,603	93	120,459	16,307.7
4P	CC	1.62	128,545	98	126,163	17,236.4
4S	CC	1.62	128,551	98	126,169	17,237.2
5P	BB	1.60	80,053	98	79,300	10,735.6
5S	BB	1.60	80,073	98	79,320	10,738.3
SLOP(P)	BB	1.40	32,482	98	32,177	4,356.1
SLOP(S)	BB	1.40	32,482	98	32,176	4,356.0
TOTAL			2,053,862		2,033,518	280,229

	TOV(BBLS)	STEM(BBLS)	TOL(%)	BBLS(60F)	M/T
AA CARGO TOTAL	501,046	500,000	0.0%	500,003	71,995.5
BB CARGO TOTAL	1,038,620	980,000	5.0%	1,028,847	139,285.3
CC CARGO TOTAL	514,196	500,000	0.9%	504,668	68,947.7
DD CARGO TOTAL	0			0	0.0
TOTAL	2,053,862	1,980,000		2,033,518	280,228.5

DRAFT				%	FRAME
	FORE :	20-55M	S.F.	-56	58
	AFT :	20-55M	B.M.	-71	78
	MEAN :	20-55M			
	TRIM :	EVEN KEEL			

Note : Bending Moment
(+) Sign show "Hogging Moment"
(-) Sign show "Sagging Moment"

〈그림 4-38〉 Loading Plan

(2) Vessel's Loading Facilities

VESSEL'S LOADING FACILITIES

Name of Vessel :

Voyage Number : 025
Port / berth : BASRAH, IRAQ / NO.3 BERTH

To loading master of BASRAH, IRAQ / NO.3 BERTH
Date : 28TH May 2007
Time : 1800 LT

Dear Sir !

This is to inform you that the above mentioned vessel is equipped with the following:

Number of Manifold(s)	:	3 (Three)
Size of Manifold(s)	:	26 inch
Initial Loading Rate	:	20,000 Bbls
Maximum Loading Rate	:	80,000 Bbls
Topping-Off Rate	:	20,000 Bbls

In order to utilize the full loading capacity, you are requested to supply 16 inch x 2 hoses of size equivalent to that of the loading manifold.

Master's signature
Name

Acknowledged Receip by
Signature
Name

〈그림 4-39〉 Vessel's Loading Facilities

이 서류는 Loading에 사용되는 Manifold와 연결되는 Arm의 수, 구경 그리고 Loading 시 본선에서 받을 수 있는 최대 Loading Rate 등이 기입되어 있는데 이러한 사항들을 육상측과 확인 후 서로 서명한다.

이 문서는 Loading 계획을 세우기 위해 필요하다. Loading Rate가 클 경우 적하의 시간이 단축되므로, Rate에 맞추어서 탱크를 얼마나 Open할 것인지 등의 사항과 Topping Off 순서를 결정할 경우에 위 문서의 사항을 고려되어야 한다.

(3) Letter of Protest(Time Delay of Berthing)

LETTER OF PROTEST
(Time delay of berthing)

Vessel Name : C.VISION

Voyage Number : 025
Port / Berth : Basrah, Iraq / Basrah Oil Terminal Sea Berth No.3

To : Loading Master of Basrah Oil Terminal Sea berth No.3
Date : 29th, May 2007

RE : TIME DELAY OF BERTHING

Dear Sir !

The vessel M/T C.VISION has arrived at Basrah,iraq and dropped anchor at 1850LT, on 25th, May 2007 and tendered NOR at 0001LT, on 26th, May 2007 and vessel waiting terminal instruction.

At 1120LT, on 28th, May 2007. Anchor aweigh and proceeding to pilot station for pick-up pilot by your instructions and time log are as below;

<Time Log>

25th, May 2007	1850LT	:	Dropped anchor at anchorage
26th, May 2007	0001LT	:	Tendered N.O.R
"	1620LT	:	Cleared MFS
28th, May 2007	1120LT	:	Anchor aweigh and proceeding to berth
	1210LT	:	Pilot on board
	1410LT	:	Sent out first line
	1600LT	:	All made fast / Accepted NOR

In view of the above, I master of M/T C.VISION protest against time delay for berthing and behalf of my Owner/Charterers, I hereby hold you responsible for any consequences arising from and reserve the rights to refer this matter at a later date.

Master | Acknowledged receipt by

Signature : | Signature
Name : | Name

〈그림 4-40〉 Letter of Protest(Time Delay of Berthing)

Letter of Protest 중 Time delay of Berthing은 본선은 항구 측의 지시대로 시행했으나, 항구 측의 과실로 인해 Berthing 시간이 늦어진 점에 대해 항의하는 문서이다. 이 문서에는 각 시간이 기입되어 있는 점이 특징이며 해당 항구의 대표 또는 그 대리자가 서명함으로써 이 문서는 효력이 발생한다. 이 문서는 Berthing 시간이 늦어진 점으로 인해 추후에 문제가 발생할 경우 항구 측에서 배상할 것을 요구하고 있다.

(4) Letter of Protest(Time Delay of Loading Cargo)

LETTER OF PROTEST
(Time delay of Loading Cargo)

Vessel Name : C.VISION

Voyage Number : 025
Port / Berth : Basrah, Iraq / Basrah Oil Terminal Sea Berth No.3

To : Loading Master of Basrah Oil Terminal Sea berth No.3
Date : 29th, May 2007

RE : TIME DELAY OF LOADING CARGO

Dear Sir !

I, master of M/T C.VISION, hereby note a letter of protest against time delay of cargo loading commencement due to your good terminal's reason.

<Time Log>

28th, May 2007	1600LT	: All made fast / Accepted NOR / Free-Pratique
	1936LT~2020LT	: Inspected all cargo tanks
	2020LT~2039LT	: Calculated OBQ
	2048LT~2058LT	: Connected Cargo Arms (16 inch x 2)
	2305LT	: Com'ced loading cargo

In view of the above, I master of M/T C.VISION protest against time delay for berthing and behalf of my Owner/Charterers, I hereby hold you responsible for any consequences arising from and reserve the rights to refer this matter at a later date.

Master　　　　　　　　　　Acknowledged receipt by;

Signature　　　　　　　　　:　Terminal Manager

Name　　　　　　　　　　　:　SH. M. TAHA

〈그림 4-41〉 Letter of Protest(Time Delay of Loading Cargo)

Letter of Protest 중 Time delay of Loading Cargo는 육상측의 이유로 인해 화물의 선적시간이 연장된 것에 대해 항의하는 문서이다. 화물의 선적시간이 연장되면 항비나 인건비 증가 등이 문제가 될 수 있다. 따라서 이 문서를 작성함으로써 육상 측 대표자 또는 그 대리자로부터 서명을 받으면 추후 선적시간 연장으로 인한 문제에 대해 본선이 책임이 없음을 증명할 수 있다. 이 문서는 화물에 관련된 각 시간들이 기입되어 있는 점이 특징이다.

(5) Letter of Protest(Discrepancy of Cargo Quantity)

LETTER OF PROTEST

TO: Whom it may concern

VESSEL :
VOY NO. :
PORT :
BERTH :
DATE :

RE : DISCREPANCY OF CARGO QUANTITY

We hereby file our formal letter of protest for discrepancy of cargo figures between given in the B/L and ship's figures as follows;

CARGO	B/L FIGURE	SHIP'S FIGURE	DIFFERENCE
	1,000,500 Bbls	**1,000,451 Bbls**	**49 Bbls**
BASRAH LIGHT C.O	**136,668.300 L/Tons**	**136,661.607 L/Tons**	**6.693 L/Tons**
	138,861.826 M/Tons	**138,852.594 M/Tons**	**9.232 M/Tons**

We are signing all cargo documents under protest reserving all rights and actions as deemed necessary to safeguard the interest of our owner and charterers for any loss of claims that may arise in respect of above.

Please kindly acknowledge receipt by returning the copy to this letter duly signed.

Very truly yours,

MASTER OF

TERMINAL REPRESENTATIVE

〈그림 4-42〉 Letter of Protest(Discrepancy of Cargo Quantity)

Letter of Protest 중 Discrepancy of Cargo Quantity는 육상측의 과실로 인해 선적한 화물의 계산값이 B/L(선하증권)에 계약된 화물량과 다를 경우에 항구 측에 항의하는 문서이다. 위의 문서를 작성함으로써 화물량이 다른 점으로 인해 생길 수 있는 문제점에 대해 본선은 책임이 없음을 입증할 수 있다.

3. 양하 관련 문서

(1) Cargo Discharge & COW Plan

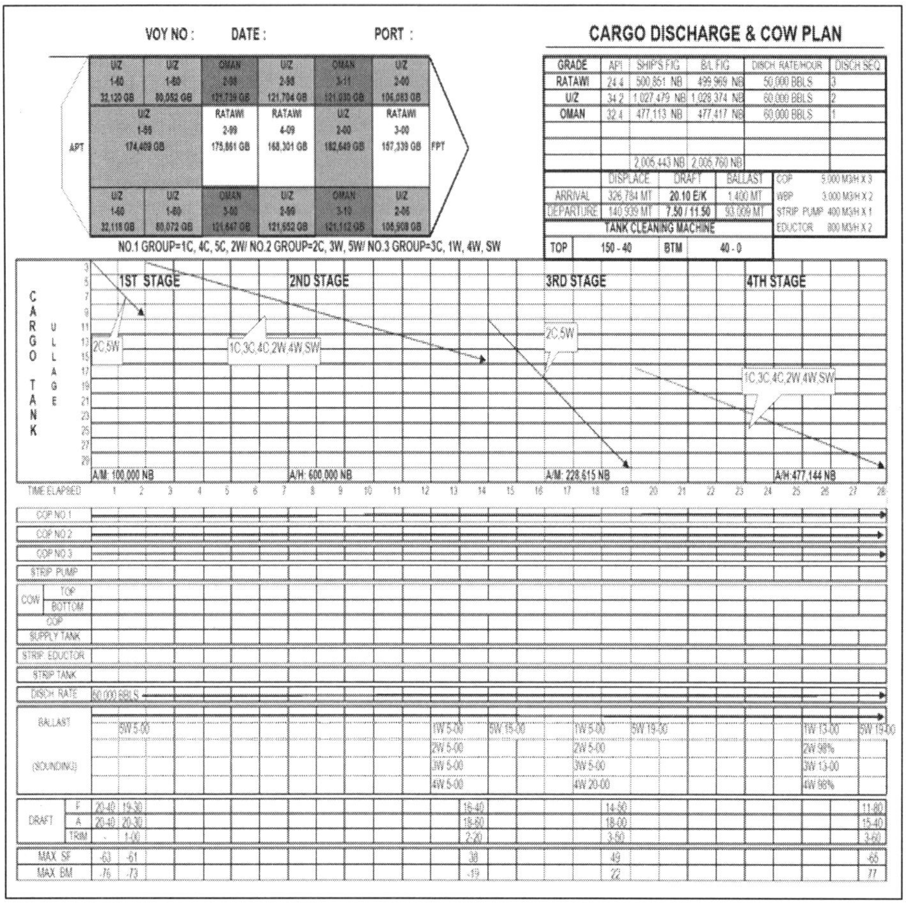

〈그림 4-43〉 Cargo Discharge & COW Plan 1

일반적으로 Loading은 육상의 펌프를 사용하기 때문에 본선의 펌프를 사용하지 않으므로 쉽지만, Discharging은 본선의 펌프를 사용하므로 펌프의 RPM을 조정하는 등 본선에서 신경을 써야 하는 부분이 많으므로 상대적으로 Loading에 비해 복잡하다. Discharging Plan은 Manifold Main Pipe를 어떤 것을 사용할지부터 각 탱크별로 어느 시간에 어떠한 속도로 양하할 것인지를 표시해두어 CCR(Cargo Control Room) 당직자가 각 탱크의 밸브를 조절하여 양하할 수 있다.

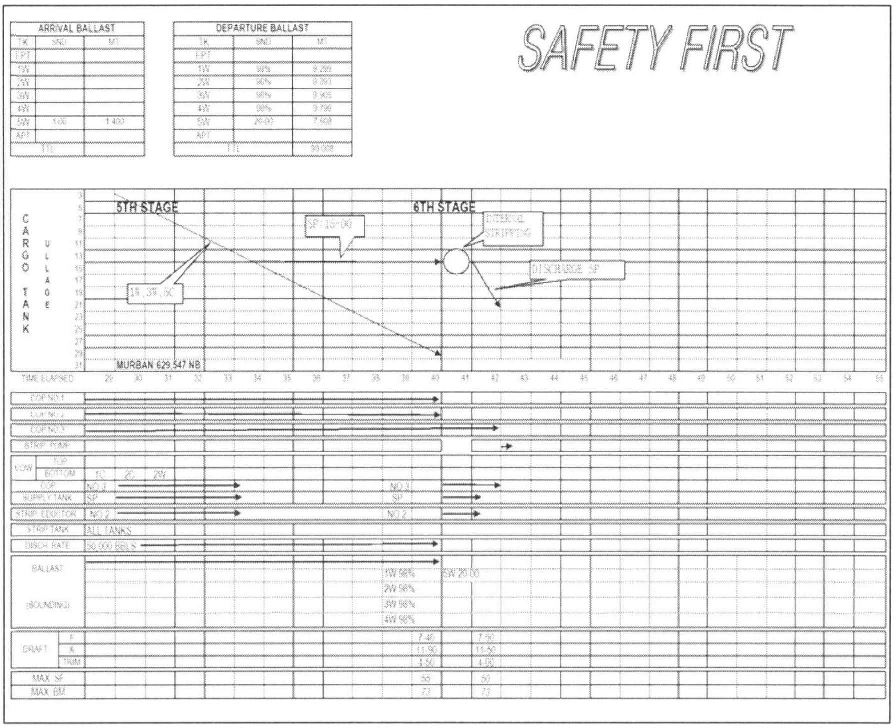

〈그림 4-44〉 Cargo Discharge & COW Plan 2

탱크 단면도에서 그 색깔별로 원유화물의 종류가 다르고 통상적으로 Wing Tank, Center Tank의 순으로 Discharging한다. 당직자는 화물선적 및 양하할 때에 선체의 기울기와 선체에 작용하는 모멘트를 고려하여 Ballasting을 적절히 해야 하는데 Discharging Plan에서는 Ballasting 시간과 그 양도 기입해 놓았다.

Discharging 시 RPM 조절을 통해 Rate를 올리고 내릴 수 있는데 RPM 조절은 1등항해사의 임의대로 할 수 있는 것이 아니므로 기관실에 연락해서 펌프를 준비시키는 것이 기관사에 대한 매너이다.

하역이 완료될 즈음에 각 탱크별로 어느 정도 높이의 레벨이 떨어지게 되면 Low Alarm 및 Lo-Low Alarm이 발생하는데 화물량이 너무 적어 더 이상 화물을 일반 원심 펌프로 Suction하지 못할 때 Strip Pump를 사용하여 Suction하여 Discharging 가능하다.

COW(Crude Oil Washing)은 하역을 모두 마친 후 하는 것이 일을 복잡하게 하지 않아 좋지만, 일반적으로 정박시간을 줄이면 항비를 절약할 수 있기 때문에 하역중에 시행한다. 앞의 Plan에는 COW 계획도 함께 있어 탱크가 비어지면 COW를 시행 및 감시할 수 있다.

(2) Pumping Log

PUMPING LOG

M.T HANBADA　　　　CHIEF OFFICER

VOY.NO.　　　　BERTH MASTER

Time	No. 1 PUMP				No. 2 PUMP				No. 3 PUMP				Manifold	Shore	REMARK
	R.P.M.	Pres.		Bearing	R.P.M.	Pres.		Bearing	R.P.M.	Pres.		Bearing	pressure	rate	
		Suc.	Dis.	Temp		Suc.	Dis.	Temp		Suc.	Dis.	Temp	Kg/cm²		
03rd 1900	940	1.7	9.2		940	1.6	9.2		940	1.8	9.0		6.4		03rd MAR, 2007
2000	980	1.8	10.0		970	1.6	10.0		970	1.9	9.7		7.0		1745 Completed disch "KECO"
2100	980	2.3	10.5		980	2.1	10.5		980	2.3	10.3		7.5		2040 Changed Cargo to "A.S"
2200	840	2.3	9.6		900	2.1	9.7		850	2.3	9.7		7.0		2135 Suspended disch sue to shore tank change
2300	910	1.9	9.2		920	1.6	9.0		920	1.8	8.9		7.0		2150 Resumed disch of "A.S"
2400	920	2.2	9.6		920	2.0	9.7		920	2.1	9.5		7.0		2040 Changed Cargo to "KECO"
04th 0100	1080	2.0	11.5		1080	1.8	11.5		1080	1.9	11.5		8.5		04th MAR, 2007
0200	1080	2.0	11.5		1080	1.8	11.5		1080	1.9	11.5		8.5		0030 ~ 0050 stop'd disch as per shore request
0300	1080	1.8	11.5		1080	1.7	11.5		1080	1.8	11.5		8.5		
0400	1080	1.7	11.5		1080	1.5	11.5		1080	1.6	11.5		8.5		
0500	1080	1.6	11.5		1080	1.4	11.3		1080	1.5	11.5		8.5		
0600	1080	1.5	11.5		1080	1.3	11.3		1080	1.4	11.1		8.5		
0700	1080	1.4	11.5		1080	1.2	11.2		1080	1.4	11.1		8.5		
0800	1080	1.3	11.2		1080	1.1	11.2		1080	1.2	11.1		8.5		0800 Stop'd disch for shifting
(SBM NO.1)															0830 Hoses off
1100	1080	1.2	11.0		1080	1.0	11.1		1080	1.1	11.0		8.5		1015 Hoses on
1200	1090	1.2	11.5		1090	1.0	11.5		1090	1.1	11.5		8.5		1030 Stareted disch of "KECO"
1300	1090	1.1	11.5		1090	0.9	11.5		1090	1.0	11.5		8.5		
1400	1100	1.1	11.5		1100	0.9	11.5		1100	1.0	11.5		8.5		
1500	1100	1.0	11.5		1100	0.8	11.5		1100	0.9	11.5		8.5		
1600	1100	1.0	11.5		1100	0.7	11.5		1100	0.8	11.5		8.5		
1700	1100	0.9	11.5		1100	0.6	11.5		1100	0.7	11.5		8.5		
1800	1100	0.7	11.5		1100	0.5	11.5		1100	0.6	11.2		8.5		1845 Changed cargo to "A.S"

〈그림 4-45〉 Pumping Log

Pumping Log는 본선의 펌프를 사용하여 하역할 때에만 기입한다. 화물선적 시에는 육상 측 펌프를 사용하므로 본선은 기입하지 않는다.

각 펌프의 RPM(Revolutions Per Minute)과 흡입(suction)과 배출(discharging) 압력(여기서 Suc.은 펌프에 흡입되는 압력, Dis.는 펌프에서 나와 배출되는 압력)을 기입, 가장 중요한 Manifold 압력을 기입한다. 펌프의 RPM을 올리면 Manifold 압력이 증가하며 하역속도가 빨라지고 RPM을 낮추면 압력이 낮아지며 하역속도가 느려진다. 또 각 시간에 대한 기사(remark)를 기입하여 왜 펌프를 사용할 때에 압력변화가 있었는지 확인할 수 있다.

(3) COW Record

COW RECORD

OFFICER IN CHARGE : C/O
USED CARGO : FOROZAN C.O.

M/T HANBADA
PLACE : ULSAN
DATE : 26TH OCT 05'
VOY.NO. : 11

DATE	TIME	TANK NO.	SOUNDING AT START	TANK		WASHING MACHINE				TRIM	USED PUMP	MAX.B.M.	MAX.S.F.	REMARK
				O2 %	PRESS	PRESS	ANGLE	NUMBER OF GUN USED	CYCLE					
2005-10-25	1820~1930LT	1P	0	4.1	790	8.0	140-0-140	3	1	3.75M	NO.2 COP	52%	49%	
	1820~1930LT	1S	0	4.1	790	8.0	140-0-140	3	1	3.75M	NO.2 COP	52%	49%	
	1930~2020LT	4C	5cm	4.6	797	8.0	140-0-140	5	1	3.80M	NO.2 COP	44%	43%	
	2020~2115LT	5S	0	4.9	798	8.0	140-0-140	2	1	3.80M	NO.2 COP	41%	42%	
	0920~1010LT	3C	2cm	4.8	794	8.0	140-0-140	3	1	3.70M	NO.2 COP	39%	37%	

Representative of Terminal

Master Of M/T HANBADA

〈그림 4-46〉 COW Record

COW(Crude Oil Washing) Record는 하역 중 각 탱크별로 원유세정을 어떻게 하였는지 나타내는 기록이다. 각 탱크별로 세정시간과 처음 시작할 때 탱크 내 잔유의 깊이를 표시하고 산소의 농도와 압력을 기입함으로써 화재의 위험이 없었음을 증명한다.

탱크 세정은 Washing Gun을 사용하여 하는데 이 Gun의 압력과 탱크 세정을 할 때에 그 각도가 중요하므로 이 사항 또한 기입한다. COW 작업은 환경상의 문제로 인해 육상 측의 허가 아래 가능하며 Discharge & COW Plan에 따라 적절히 시행한다.

(4) Tank Heating Coil 현황

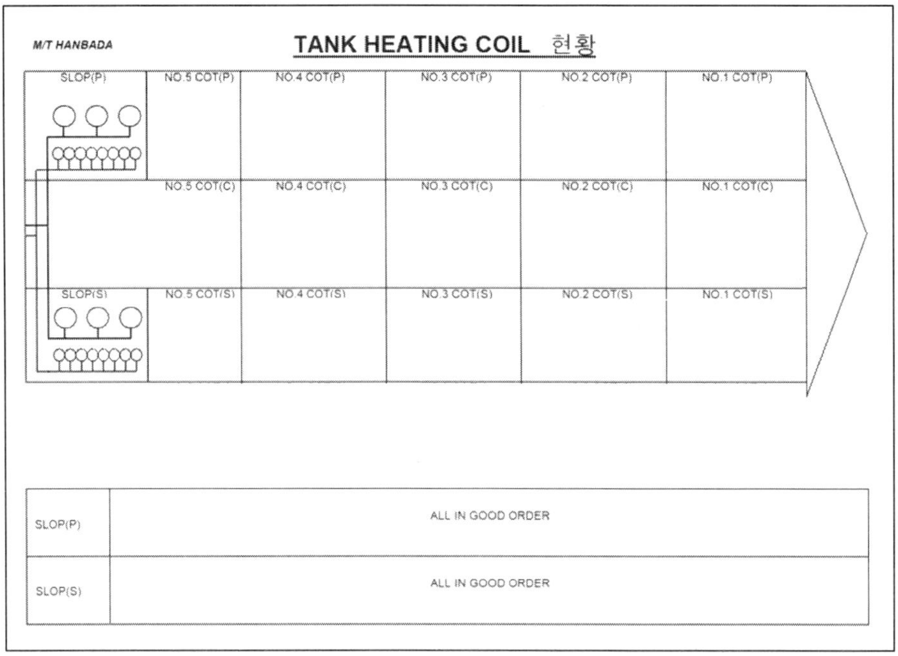

〈그림 4-47〉 Tank Heating Coil 현황

화물의 종류에 따라 그 성질도 다르다. 각 원유상품에는 점성이 있는데 점성이 너무 심한 화물의 경우 항해운송중 너무 단단히 굳거나 끈적거리므로 하역이 안 될 수 있다. 따라서 항해운송중에 적절히 원유화물을 가열하여 부드럽게 해주는데 위 문서는 그 가열할 수 있는 코일의 배치를 나타내고 있다. 위의 문서에서의 선박은 Slop Port Tank와 Slop Starboard Tank에 Heating Coil이 설치되어 있다.

찾아보기

탱커 기초교육

2023년 2월 25일 1판 4쇄 발행

저 자 윤귀호 · 배병덕
김종성 · 이형기

발행인 남 승 우

발행처 도서출판 상尙 학學 당堂

서울시 동작구 사당로9가길 6(사당동)
TEL : 02) 595-1692~4
FAX : 02) 595-1394
E-mail : shdbooks@naver.com
신고 : 2-155호 (1968. 11. 29)

정가 22,000원

ISBN 978-89-6587-037-1 93500

〈디자인〉 편집 엄해숙 / 표지 토틀컴